飯田泰士

えにし書房

原発国民投票をしよう！◎目次◎

Ⅰ　はじめに――福島原子力発電所事故と原発再稼働――

２０１１年、福島原子力発電所事故が発生した。

それから3年が経過した２０１４年。

国民の多くは、原子力発電所（原発）の再稼働に反対している。[1]

それは、不思議なことではない。

13万人に及ぶ原発避難者、[2] 増え続ける原発事故関連死、[3] 難航する高濃度汚染水対策、広範な地域に及ぶ立ち入り規制。原発が100％安全だとはいえない状況で、そんな報道がされていたら、多くの国民が「原発の再稼働は嫌だ！」と思うのも、無理はない。

そのような状況下で、安倍政権は、原発再稼働に向けて突き進んでいる。『平成25年度エネルギーに関する年次報告（エネルギー白書２０１４）』では、原発は重要なベースロード電源と位置付けられ、規制基準に適合すると認められた場合には原発の再稼働を進めるという安倍政権の方針が示された。[4]

原発再稼働に関して、安倍政権は、国民の意思と乖離した政治をしている。

そのことを背景として、「原発国民投票を実施しよう！」という意見がある。

しかし、安倍首相は、原発国民投票の実施に否定的だ。

そこで、本書では、原発国民投票・原発の稼働について考える。

そして、それらについては、安倍政権・自由民主党の憲法改正の動きとリンクさせて考える。

その理由は、①2014年6月13日、日本国憲法の改正手続に関する法律（国民投票法、憲法改正手続法）が改正され、今後、憲法改正論議が活発化すると考えられる、②安倍政権・自由民主党は憲法96条改正を目指しているので、憲法96条改正は憲法改正論議の主要なテーマになると考えられる、③憲法96条は憲法改正手続について規定しており、憲法改正手続には憲法改正国民投票がある、④原発国民投票と憲法改正国民投票は国民投票という点で共通するので、原発国民投票について考えるにあたって、安倍政権・自由民主党の憲法96条改正の動きは参考になる、⑤原発国民投票を含む一般的国民投票の導入は、憲法・憲法改正と密接に関係する、ということだ。

Ⅱ　原発国民投票

1　原発国民投票の例

（1）原発国民投票の簡単な例

原発国民投票とは、何か。

原発国民投票とは、原発に関する国民投票だ。

原発の稼働の是非を争点にした国民投票を実施し、国民が、原発の稼働を認めるとき、投票用紙の「認める」という文字を○の記号で囲み、原発の稼働を認めないとき、「認めない」という文字を○の記号で囲むというのが、原発国民投票の簡単な例だ。

便宜上、原発の稼働を「認める」「認めない」という2択の例をあげたが、選択肢の内容がそのようなものである必要はないし、そもそも2択である必要もなく、選択肢の数がもっと多くても良い。

（2）スウェーデン原発国民投票と原発即ゼロ

以上のことに関して、２０１１年9月29日、第178回国会参議院予算委員会で、枝野幸男経済産業大臣（当時）は「国民投票というのは、間接民主主義の足らざる部分を補う一つの有効なツールだと私は思っております。ただ、原発については、一般的に言いますと、総理もよくおっしゃられているとおり、脱原発か推進かという二項対立でとらえるべきではない。恐らく多くの国民の皆さんもその間のところでいろいろなお考えがあるんだろうというふうに思っていますので、国民投票というやり方になじみにくい側面があるのではないかというふうに思っております」と答弁した。

ただ、原発国民投票を実施する場合の選択肢を2択にする必要はなく、国民の様々な考え方を可能な限り反映した選択肢にしたら良い。

実際、１９８０年にスウェーデンで実施された原発国民投票では3つの選択肢があった。

その3つの選択肢を具体的にいうと、①原発容認（石油依存を減少させ、再生可能なエネルギー源が利用できるようになるまで、稼働中・稼動準備中・建設中の12基の原発を使用し、さらなる原子力利用の拡大は行わないというもの）、②条件付き原発容認（①案に加えて、省エネルギーの推進、再生可能なエネルギーの研究の強化、原発の安全管理の強化、原発の公営化等を提案するもの）、③原発廃止（原子力利用の拡大に反対し、稼働中の原発を10年以内に廃止し、省エネルギー計画の推進等を提案するもの）だ。２０１３年11月12日、記者会見で、小泉純一郎元首相は「即時の脱原発」を主張したが、そのような選択肢は、スウェーデンの原発国民投票にはなかった。ちなみに、その原発国民投票の結果は、①原発容認18.9％、②条件付き原発容認39.1％、③原発廃止38.7％であり、その結果を受けて、１９８０年、スウェーデンの議会は原発を２０１０年までに全廃する決定をした（ただし、その後、その決定内容は実現しなかった）[5]。

2　国民投票

(1)　憲法改正国民投票と諮問型国民投票

そして、安倍政権・自由民主党の憲法改正の動きが注目されているので、「国民投票」というと、憲法改正国民投票を思い浮かべるかもしれない。しかし、本書で述べる原発国民投票の「国民投票」は、憲法改正国民投票ではなく、諮問型国民投票だ。

すなわち、原発国民投票は、原発に関する諮問型国民投票だ（つまり、本書では、特に断りのない限り、「原発国民投票」は原発に関する諮問型国民投票を意味する）。

話をわかりやすくするため、ここで、憲法改正国民投票と諮問型国民投票について、簡単に説明する。

(2)　憲法改正国民投票

まず、憲法改正国民投票について。

それについて述べるにあたって、憲法改正手続を示す。

憲法改正は、「発案」→「発議」→「承認」→「公布」という手続で行われる。

「発案」とは、憲法改正原案（憲法改正案の原案）を提出すること。国会議員が発案する場合、衆議院では議員100人以上、参議院では議員50人以上の賛成が必要だ。また、憲法審査会も、その会長を提出者として発案できる。

「発議」とは、国民投票にかける憲法改正案を決定すること。発議は、国会がする。そして、国会が発議をするためには、各議院の総議員の3分の2以上の賛成（「衆議院の総議員の3分の2以上の賛成」と「参議院の総議員の3分の2以上の賛成」）が必要だ。

「承認」とは、国民投票で憲法改正について承認すること。国民投票で承認するためには、投票総数の過半数の賛成が必要だ（なお、その「投票総数」は、憲法改正案に対する賛成投票数と反対投票数を合計した数のことであり、無効投票数を含まない。そのため、その「投票総数」は、実質的には有効投票総数のことだ。本書では、条文の言葉に従い、「投票総数」と記載する）。

「公布」とは、成立した憲法改正を、国民に表示して、周知させること。憲法改正について「承認」を経たとき、天皇は直ちに公布する。

つまり、①議員・憲法審査会が憲法改正原案を「発案」し、②それに関する審議を経て、国会が憲法改正案を「発議」し、③その憲法改正案が国民投票にかけられ、国民投票で憲法改正について「承認」された場合、④天皇が直ちに憲法改正の「公布」をする、というのが憲法改正の流れだ[6]。

安倍政権・自由民主党は憲法改正を目指しているわけだが、実際に憲法改正をする場合は、そのような手続で行われる。

そして、以上で示した憲法改正のための国民投票が、憲法改正国民投票だ。

最後に、憲法改正手続について規定している憲法96条を示しておく（なお、以上で述べた憲法改正手続の全てが、憲法96条に規定されているわけではない。憲法改正手続は、国民投票法・国会法にも規定されている）。

憲法96条

1項　この憲法の改正は、各議院の総議員の三分の二以上の賛成で、国会が、これを発議し、国民に提案してその承認を経なければならない。この承認には、特別の国民投票又は国会の定める選挙の際行はれる投票において、その過半数の賛成を必要とする。

2項　憲法改正について前項の承認を経たときは、天皇は、国民の名で、この憲法と一体を成すものとして、直ちにこれを公布する。

（3）一般的国民投票と決定型・諮問型国民投票

次に、諮問型国民投票について。

それについて述べるにあたって、まず、一般的国民投票について述べる。

一般的国民投票は、国政上の重要問題を対象とする国民投票だ。「国政上の重要問題」としては、原発に関する問題だけではなく、生命倫理に関する問題・統治機構に関する問題・憲法9条に関する問題などが考えられる。すなわち、それらに関して、一般的国民投票を実施することが考えられる。

一般的国民投票はしばしば話題になるので、知っている人も多いだろう。

そして、一般的国民投票には、諮問型国民投票と決定型国民投票がある。前者は国民投票の結果に法的拘束力がないもの、後者はその結果に法的拘束力があるものだ。

一般的国民投票についての明文規定は憲法にないが、政府見解は、憲法上諮問型国民投票は許容されるというものだ。(7)

だから、憲法改正をしなくても、立法をすれば、諮問型国民投票を実施できる。もちろん、原発に関しても、立法をすれば、諮問型国民投票を実施できる。つまり、立法をすれば、原発国民投票を実施できるのだ。

なお、決定型国民投票として原発国民投票を実施する場合は、憲法改正が必要だ。憲法改正をして、その上で立法をして、初めて、決定型国民投票として原発国民投票を実施できる［もっとも、決定型国民投票が憲法上許容されるという見解もある。その見解によると、憲法改正をしなくても、立法をすれば、決定型国民投票として原発国民投票を実施できる。ただ、政府見解は、そのような立場にはたっていない。そのような見解を主張している人がいる、というだけの話だ。要するに、一般的国民投票についての明文規定が憲法にあるわけではないので、一般的国民投票が憲法上許容されるかに関しては、様々な解釈が成り立つ。簡単にいうと、一般的国民投票が憲法上許容されるかについては、①憲法上、一般的国民投票は許容されない（諮問型・決定型ともに許容されない）、②憲法上、諮問型国民投票は許容されるが、決定型は許容されない）、③憲法上、一般的国民投票は許容される（諮問型・決定型ともに許容される）、という見解がある。なお、決定型国民投票は憲法41条に違反するので認められないが、諮問型国民投票は憲法上許容されるというのが、憲法学上の一般的な考え方だ。つまり、②が憲法学上の通説だ（憲法41条は「国会は、国権の最高機関であって、国の唯一の立法機関である」とする）。以上のことに関して、２０１４年４月24日、第186回国会衆議院憲法審査会で、橘幸信衆議院法制次長は「憲法九十六条が定める憲法改正に係る国民投票以外の場面について、例えば、先生御指摘のような、国政における重要な問題に関する国民投票制度を、その結果に法的拘束力を持たせない諮問的なものとした上で法制度設計することにつきましては、現行憲法のもとにおいても十分に認められるとする御見解は解釈論の一つとして成り立ち得るものと拝察いたします。現に、そのような見解は、学説においてもむしろ多数の見解として述べられているように御紹介されている文献もあるところでございます」と答弁した」。

（４）国民投票・住民投票の実施例

なお、憲法改正国民投票・一般的国民投票は、海外では実施されたことがあるが、[8]日本では実施されたことがない。海外では、原発国民投票も実施されている。

ただ、日本でも、地方レベルでは住民投票が実施されている。

具体的にいうと、合併の賛否を問う住民投票や産業廃棄物処理場の設置についての住民投票など、400件以上住民投票が実施されている。それだけ実施されているのだから、住民投票で投票したことがある人も少なくないだろう。

そして、原発に関する住民投票（原発住民投票）も実施されており、例えば、新潟県巻町（１９９６年）や三重県海山町（２００１年）で実施されている。

特に、新潟県巻町の原発住民投票は、日本初の条例に基づく住民投票だった（ちなみに、その原発住民投票の結果は、投票率88％で、原発反対61％、原発賛成39％だった。そして、後日、東北電力は巻原発の建設を断念した）。

Ⅲ「原発国民投票を実施するべきだ！」

1　「原発国民投票を実施しよう！」の正当性

「原発国民投票を実施しよう！」という意見に、正当性を見いだすことはできる。

すなわち、「原発国民投票を実施するべきだ！」ということはできる。

そこで、以下、❶国民の明確な意思表示、❷説明・検討・議論の機会、❸直接民主制・代表民主制に注目して、そのことについて述べる。

2　国民の明確な意思表示と原発国民投票

(1) 本人・代理人

まず、❶国民の明確な意思表示に注目して述べる。

最高法規である憲法の三大原則は、国民主権・基本的人権の尊重・平和主義だ。

つまり、主権者は国民だ、議員でも政府でもない。

選挙で選ばれた議員は、国民の代理人に過ぎない[9]。

また、議院内閣制の下、政府も国民の代理人に過ぎない。

代理人である議員・政府は、本人である国民の意思に沿って活動しなければならないし、本人である国民の利益のために活動しなければならない（憲法43条1項は「両議院は、全国民を代表する選挙された議員でこれを組織する」とする。そして、その「全国民を代表する」とは、どのような選挙方法で選ばれても、議員は全ての国民を代表する者であり、自らの選挙区の選挙人、自らが所属する政党・団体の代表者ではなく、倫理的・道義的にいかなる場合にも全国民のために活動することが要請されることを意味する[10]）。

（2）選挙と諮問型国民投票の違い

そして、ある事項（政策課題）に関して、議員・政府に、国民の意思に沿った活動をさせるためには、その事項に関する国民の意思を明確に示しておく必要がある。原発の稼働についていうと、原発の稼働に関して、議員・政府に、国民の意思に沿った活動をさせるためには、それに関する国民の意思を明確に示しておく必要がある。

国民の意思が明確に示されていないと、議員・政府が、国民の意思に沿った活動をするのは困難だ。また、国民の意思が明確に示されていないと、議員・政府が、不明確な国民の意思を恣意的に解釈し、国民の意思と乖離した活動を正当化するおそれがある。そしてまた、国民の意思が明確に示されていないと、議員・政府が国民の意思と乖離した活動をしても、それが客観的に明らかになりにくく、国民から批判されにくいので、議員・政府がそのような活動をしやすくなってしまう。

では、現在、ある事項に関する国民の意思を明確に示せるようになっているのだろうか。

残念ながら、そうはなっていない。

現在、実質的には、選挙がほぼ唯一の国民の意思表示の機会（政治参加の機会）になっている。

ただ、選挙では、ある事項に関する国民の意思を明確に示すことはできない。

国民は、選挙では、政党・候補者に投票し、特定の政策に対する賛否を示すわけではない。

原発の稼働の是非が選挙の争点になっても、国民は、政党・候補者に投票するだけだ。

そのため、その選挙結果から、原発の稼働に関する国民の意思を明確に知るのは困難だ。

選挙結果は様々な解釈が可能だ。

例えば、原発の稼働を主張している政党Aが選挙に勝利し、政権を獲得した場合。「国民が原発の稼働を認めたので、政党Aが選挙に勝利した」と解釈することができる。原発を稼働させたい政党Aは、そのように主張するだろう。ただ、他の解釈も可能であり、例えば、「政党Aが選挙に勝利した理由は、国民がその経済政策を高く評価したことだ。国民は原発の稼働を認めたわけではない」と解釈することもできるし、「政党Aが選挙に勝利した理由は、他の政党がダメ過ぎることだ。国民は原発の稼働を認めたわけではない」と解釈することもできる。もちろん、世論調査の結果等を参考に、政党Aが選挙に勝利した理由はある程度絞り込めるが、それでも、様々な解釈が可能だ。

　選挙では、ある事項に関する国民の意思を明確に示すことはできない。選挙の際に、各政党の政権公約（マニフェスト）が発表されてもだ。

　それに対し、諮問型国民投票では、ある事項に関する国民の意思を明確に示せる。

国民は、諮問型国民投票では、特定の政策に対する賛否を示せる。

例えば、原発の稼働の是非を争点にした原発国民投票を実施した場合、国民は、原発の稼働を認めるとき、投票用紙の「認める」という文字を○の記号で囲み、原発の稼働を認めないとき、「認めない」という文字を○の記号で囲む。

そのため、原発国民投票の結果から、原発の稼働に関する国民の意思を明確に知ることができる。

選挙における国民の意思表示と、諮問型国民投票における国民の意思表示の違いは、大きい（「諮問型国民投票は、選挙より優れた制度だ」といっているわけではない。諮問型国民投票を実施しただけでは、国民は政治活動の代理人である議員を選ぶことはできない。諮問型国民投票と選挙は異なる制度ということだ。どちらか一方が優れた制度ということではない。なお、以上では、諮問型国民投票と選挙の違いに着目して、諮問型国民投票の意義に関して述べたが、その意義は他にもある。例えば、選挙の際に争点にならなかった重要問題が選挙後に生じた場合、諮問型国民投票は、国民がそれに関する意思を示す手段になる）。

そこで、ある事項に関する国民の意思を明確に示せるように、諮問型国民投票を実施するべきということになる。

原発に関していうと、「原発国民投票を実施するべきだ！」ということになる。

（3）信頼関係≠全てお任せ

本人が代理人を選ぶとき、一般に、本人・代理人間には信頼関係がある。

ただ、本人が代理人に、一般に、全てを任せておくかといえば、そうではない。

本人は代理人に、重要事項に関して個別に指示を出す。そして、通常、それによって、本人・代理人間の信頼関係が壊れることはない。なぜなら、それはおかしなことではないからだ。

それと同じだ。

本人である国民は、選挙で、代理人である議員を選び、政治活動を任せる。

しかし、国民が議員に、全てを任せておかなければならないわけではない。

「選挙で国民は議員を選んだのだから、あとは議員に任せておけ。国民は黙っていろ」というのはおかしい。選挙で国民は特定の政策に対する賛否を示したわけではないのだから、尚更だ。しかも、現在、公職選挙法に基づく選挙運動規制・政党助成法に基づく政党交付金によって、政界への新規参入は困難になっている。その現状をふまえると、選挙の際、国民は既成政党の候補者を選ばされているともいえるのだから、そのようにいわれても納得しにくい。政界への新規参入が容易な状況だったら、国民は、他の人を選んでいたかもしれない。いい方をかえれば、現在、それらの制度によって、実質的に、国民は選挙の際の選択肢を奪われている（日本の選挙運動規制に関して、コロンビア大学教授のジェラルド・カーティス氏は「選挙運動に関する規制が多数あるのは、新人から名前や顔を売る機会を奪えば選挙で有利になると考えている現職議員と、過剰規制が生む特権にしがみついている総務省の役人が手を組んで規制を守っているからだ」という趣旨の指摘をしている。[11] また、政党交付金に関していうと、国から多額の資金を投入され、選挙関係のためにもそれを使用している既成政党が存在すると、政界への新規参入が困難になるということは、容易にわかるだろう。政界への新規参入を困難にしてしまう政党の国営政党化は不適切だ。[12] 2013年3月5日、第183回国会参議院本会議で、安倍首相は「私が目指す美しい国とは、活力とチャンスと優しさに満ちあふれ、自立の精神を大切にする、世界に開かれた国のことであります」と答弁した。しかし、それらの制度によって、政界への新規参入のチャンスは損なわれ、政界は活性化しにくくなっており、しかも、自由民主党などの既成政党は自立の精神を忘れたかのように国からの資金に依存しており、美しくない政界・醜い政界になっている。美しい国を目指すというなら、まず、自由民主党が政党交付金という合法ドラッグ依存症から回復するべきだし、政党交付金ドーピングをして選挙を戦うのをやめるべきだ。２０２０年に東京オリンピックを開催する日本で、アンチ・ドーピングは重要だ）。

だから、国民が議員に、重要事項に関して個別に指示を出せるようにするべきだ。

それが、諮問型国民投票の実施だ。原発に関していうと、原発国民投票の実施だ。

以上では国民・議員に関して述べたが、国民・政府に関しても同様だ。

主権者は、国民。

議員・政府は、国民の代理人。

選挙は、国民が政治活動の代理人を選ぶ手段。

諮問型国民投票は、国民が代理人に重要事項に関する指示を出す手段。

原発国民投票は、本人（国民）が代理人（議員・政府）に、原発に関する指示を出す手段だ、特殊なものではない。

３　説明・検討・議論の機会と原発国民投票

（1）福島の復興と原発国民投票

次に、❷説明・検討・議論の機会に注目して述べる。

諮問型国民投票を実施する場合、国民投票にかける案の決定日から、国民投票の実施日までには、ある程度の期間がある（もちろん、現在、どのような制度になるかということは決定していないが、当然そうなると考えられる。国民投票にかける案の決定日に、国民投票を実施するというのは、現実的には不可能だ。ちなみに、憲法改正国民投票の場合、国民投票は、国会が憲法改正を発議した日から起算して60日以後180日以内の、国会の議決した期日に行う。原発国民投票のその期間に関していうと、原発の稼働について悠長なことはいっていられないというのであれば、憲法改正国民投票のその期間より短い期間にすれば良いし、逆に、憲法改正国民投票のその期間が短すぎるという批判をふまえ、[13] その期間より長い期間にしても良い。憲法でその期間が決められているわけではないので、法律で決めることができる）。

その期間に、議員・政府は、その案に関する自らの立場（政策）を国民に説明できる。

また、国民は、その期間に、その案に関する様々な意見を聞いたうえで、考え、議論することができる。

そのため、諮問型国民投票は、①議員・政府が、国政上の重要問題に関する自らの政策を国民に説明する機会になり、しかも、②国民が、国政上の重要問題に関する様々な意見を聞いたうえで、考え、議論する機会になる。諮問型国民投票の実施によって、国政上の重要問題に関する議論は活性化する（国民投票・議論に関して、2004年3月4日、第159回国会衆議院憲法調査会最高法規としての憲法のあり方に関する調査小委員会で、井口秀作参考人は「国民投票は議論がない、こういう批判があります。これについてはむしろ、国民投票を実施することが議論を誘発する。これは、新潟県の巻町の原発の投票でもそうです」と発言した）。

主権者は国民で、議員・政府は国民の代理人だということをふまえると、①②の機会は重要な機会だといえる。

そして、そのような重要な機会になるのだから、諮問型国民投票を実施するべきということになる（諮問型国民投票のそのような意義を生かすため、それを実施する際には、国会が多様な意見を適切に広報することや、公費助成する場合は賛否両派を公平に扱うこと等が重要だ）。

原発に関していうと、「原発国民投票を実施するべきだ！」ということになる。原発国民投票の実施によって、福島の被災者の声を国民は改めて聞くことになる（機会②）、そして、そのことによって、被災者・被災地に対する国民の関心が高まり、復興が進みやすくなる、ということも考えられる。

そして、諮問型国民投票がそのような機会になるということは、諮問型国民投票の結果と、それ以前に行われた世論調査の結果が、一致しない可能性があるということだ。諮問型国民投票実施に際して、国民が、様々な意見を聞き、よく考えた結果、その意見を変更する可能性は十分にある。

ある日突然電話がかかってきた際などに示される国民の意思（世論調査で示される国民の意思）と、諮問型国民投票で示される国民の意思は、その背景・意味が大きく違う。

そこに、諮問型国民投票を実施する意義を見いだせる。

だから、「世論調査があるので、原発国民投票含め諮問型国民投票を実施する必要はない」とはいえない。

（2）原発再稼働阻止のための原発国民投票

ところで、安倍政権による原発再稼働を阻止する目的で、原発国民投票の実施を主張している人がいる

（他にも、例えば、安倍政権による原発再稼働を促進する目的でそれを主張している人や、原発国民投票を実施した方がすっきりするという理由でそれを主張している人や、国民投票を実施したら楽しそうという理由でそれを主張している人がいる）。

その主張は、国民の多数派が原発再稼働に反対しているという世論調査の結果をふまえたものかもしれない。

ただ、以上で述べたことをふまえるとわかるように、原発国民投票を実施した結果、原発の稼働に賛成する国民が多数派になり、安倍政権による原発再稼働が促進される可能性もある。

原発国民投票の結果がどちらに転ぶかは、やってみないとわからない。

なお、以上のことに関し、「安倍政権による原発再稼働を阻止する目的で、原発国民投票の実施を主張するのは、不適切ではないか」と思う人もいるかもしれない。

そこで、以下、（ⅰ）選挙、（ⅱ）直接民主制に注目して、そのことに関して述べる。

まず、（ⅰ）選挙に注目して述べる。

先程述べたように、国民は、選挙では、政党・候補者に投票し、特定の政策に対する賛否を示すわけではない。

そのため、例えば、国政上の重要問題に関する政策α・政策β・政策γを主張している政党Aに国民が投票するとき、政策α・政策β・政策γ全てに賛成して政党Aに投票することもあるし、政策αのみに賛成して政党Aに投票することもある。

だから、政党Aが選挙に勝利して政権を獲得した場合でも、国民が政策α・政策β・政策γ全てに賛成しているとは限らない。例えば、その場合に、国民が政策α・政策βには賛成しているが、政策γには反対しているということも考えられる。そのような場合に、政府が政策γを実行するのは、国民にとっては望ましくない。

そこで、国民に、政策γを拒否する手段を認めるべきだ。

その手段が、諮問型国民投票の実施だ。具体的にいうと、政策γの是非を争点にした諮問型国民投票の実施だ。国民投票の結果が政策γに否定的なものになれば、政府が政策γを実行するのは困難になる。もちろん、諮問型国民投票なので、結果に法的拘束力はない。ただ、それでも、国民が政策γを拒否する手段にはなる、不十分かもしれないが。

抱き合わせ販売は、独占禁止法で禁止されている。

抱き合わせ政策実行は、法律で禁止されていないが、抱き合わせ販売同様、望ましくない。抱き合わせ政策実行を国民が拒否する手段が、諮問型国民投票だ。

なお、もちろん、政策γの是非を争点にした諮問型国民投票の結果、政策γを事実上実行できなくなった場合、その影響を受けて、政策δも実行できなくなってしまう、ということも考えられる。それに関しては、国民投票の際、そのことも国民に説明しておけば、国民が不測の不利益を受けることはないので、国民にとっては特に問題はない。つまり、国民投票の際、「政策γが実行できないと、政策δも実行できないので、それをふまえて投票してくださいね」というようなことを国民に説明しておけば、国民投票の結果、政策δが実行できなくなってしまっても、国民にとっては特に問題はない。

以上のように、ある政策の実行を拒否・阻止する手段として、諮問型国民投票を利用するのは、不適切とはいえない。嫌なものは嫌なのだから、国民が「その政策の実行は、嫌！」と明確にいえる公的な制度があった方が良い、その制度が諮問型国民投票だ。「その政策の実行は、嫌！」と首相官邸の周りでデモをしても、残念ながら、「大きな音だね」といわれるのが関の山のようなので、やはり公的な制度があった方が良いだろう［The Wall Street Journal HP「野田首相『大きな音だね』＝官邸周辺の反原発デモに」参照］。

だから、安倍政権による原発再稼働を阻止する目的で、原発国民投票の実施を主張するのも、不適切とはいえない。

次に、（ⅱ）直接民主制に注目して述べる。

諮問型国民投票は、直接民主制の制度だ。

直接民主制は、国民が直接政治を行う制度だ。

そして、憲法には、国政レベルの直接民主制の制度が3つ規定されている。具体的には、①憲法改正国民投票（憲法96条1項）、②最高裁判所裁判官の国民審査（憲法79条2項・3項）、③地方特別法の住民投票だ（憲法95条）。

その3つの制度には、共通点がある。

それは、国民が拒否（阻止）する手段になるということだ。

憲法改正国民投票は、国会が発議した憲法改正案に基づく憲法改正を、国民が拒否する手段になる。国民は、国民投票で承認しないことによって、憲法改正を拒否できる。憲法改正手続に、憲法改正国民投票がある場合（国会だけで憲法改正できない場合）と憲法改正国民投票がない場合（国会だけで憲法改正できる場合）の違いは、容易にわかるだろう。

最高裁判所裁判官の国民審査は、内閣による最高裁判所裁判官人事を、国民が拒否する手段になる。国民は、国民審査で最高裁判所裁判官を罷免することによって、その人事を拒否できる。国民審査は衆議院議員総選挙の際に実施されるので、国民審査の投票をしたことがある人は少なくないだろう。なお、現在までに、国民審査によって罷免された最高裁判所裁判官はいない。

地方特別法の住民投票は、特定の地方公共団体のみに適用される特別法を、その地方公共団体の住民（国民）が拒否する手段になる。例えば、広島平和記念都市建設法は、地方特別法の住民投票を経て成立した。なお、現在までに、この住民投票で否定された例はない。

そのため、ある政策の実行を拒否・阻止する手段として、直接民主制の制度である諮問型国民投票を利用するのは、不適切とはいえない。憲法に規定されている直接民主制の制度も、国民が拒否する手段になる。直接民主制の制度をそのように利用するのは、おかしなことではない。

だから、安倍政権による原発再稼働を阻止する目的で、原発国民投票の実施を主張するのも、不適切とはいえない。

最後に、最高裁判所裁判官の国民審査について規定している憲法79条2項・3項、地方特別法の住民投票について規定している憲法95条を示しておく（憲法改正国民投票について規定している憲法96条は、先程示した）。

憲法79条

2項 最高裁判所の裁判官の任命は、その任命後初めて行はれる衆議院議員総選挙の際国民の審査に付し、その後十年を経過した後初めて行はれる衆議院議員総選挙の際更に審査に付し、その後も同様とする。

3項 前項の場合において、投票者の多数が裁判官の罷免を可とするときは、その裁判官は、罷免される。

憲法95条

一の地方公共団体のみに適用される特別法は、法律の定めるところにより、その地方公共団体の住民の投票においてその過半数の同意を得なければ、国会は、これを制定することができない。

4 福島・チェルノブイリ・スリーマイル島原発事故と川内原発の火山噴火リスク

(1) 世論調査と諮問型国民投票

そして、以上のことをふまえると、国政上の重要問題に関して、政府の活動が国民の意思と乖離していると思われる場合、政府は、①国民の意思に沿うように、その活動を修正するか、あるいは、②諮問型国民投票を実施するべきだ。わかりやすくいうと、次のとおりだ。

国政上の重要問題に関する政府の政策 α に対して、国民の多数派が反対しているという世論調査の結果が示された。その場合、国民を説得する自信が政府にあれば、政府は諮問型国民投票を実施するべきだし

（②）、それがなければ、国民の意思に沿うように、政策αを修正するべきだ（①）。②の場合、政府が国民の説得に成功し、国民投票の結果が政策αに肯定的なものになれば、政府は、その結果（民意）を背景として、政策αをスムーズに実行できる。逆に、②の場合、政府が国民の説得に失敗し、国民投票の結果が政策αに否定的なものになれば、政府が政策αを実行するのは困難になる。②の場合、国民投票の結果が政策αに肯定的なものになっても、否定的なものになっても、国民の意思に沿った政治が行われやすくなるということだ。

（2）環境汚染と原発安全神話と御嶽山噴火

安倍政権は原発再稼働に向けて突き進んでいる。

しかし、世論調査の結果をふまえると、国民の多くは原発再稼働に反対している。

そして、原発問題は、国政上の重要問題だ。

原発事故によって生じる可能性がある被害の大きさをふまえると、原発問題が国政上の重要問題ではないとは到底いえない［原発事故の被害に関して、大飯原発3、4号機運転差止請求事件の裁判例（福井地判平成26年5月21日）は「被告は、原子力発電所の稼動がCO_2（二酸化炭素）排出削減に資するもので環境面で優れている旨主張するが（第3の6）、原子力発電所でひとたび深刻事故が起こった場合の環境汚染はすさまじいものであって、福島原発事故は我が国始まって以来最大の公害、環境汚染であることに照らすと、環境問題を原子力発電所の運転継続の根拠とすることは甚だしい筋違いである」とする］。

もちろん、原発事故が今後100％起こらないとはいえない。どれだけ安全性に配慮しても、世界一安全な原発であっても、それはいえない。スリーマイル島原発事故（1979年）、チェルノブイリ原発事故（1986年）、そして、福島原発事故（2011年）、それらの事故をふまえるとわかると思うが、100％安全ということはない。原発安全神話は崩壊している［原発の安全性に関して、2014年11月、宮沢洋一経済産業大臣は「100％の安全はあり得ないが、（再稼働したとしても）さらに安全に全力を挙げてほしい」と発言した（テレビ朝日ＨＰ「宮沢大臣が川内原発視察 再稼働の必要性改めて強調」）。また、2011年10月27日、第179回国会参議院経済産業委員会で、枝野幸男経済産業大臣（当時）は「実はやはり原子力は人間のやることですから一〇〇％の安全はあり得ません。一定のリスクがあります。そのリスクをどうコントロールするのか、あるいはそのリスクをどう受け止めるのかということについては、やはり、例えば日本は地震や津波が世界の中でも圧倒的に多いという客観的な関係が他の国と違いがあります。あるいは国土の面積、人口の密度、あるいは国民の皆さんの様々な受け止め、そういったことなどをトータルでこの原子力が抱えているリスクについてどう判断するのかというのは、これはやっぱりそれぞれの社会、それぞれの国家ごとに判断をされることだろうというふうに思っています」と答弁した。なお、その答弁では、自然に関して、地震・津波が注目されているが、日本は火山大国でもある。そして、再稼働第1号になるともいわれている川内原発の再稼働に関しては、火山の噴火リスクが注目されている。火山の噴火といえば、2014年9月27日、御嶽山が噴火した。気象庁は、その噴火を予知するのは困難だったとしているわけだが、川内原発は大丈夫なのだろうか。何かあった後に、「われわれの予知レベルはそんなもの」といわれても、多くの人は困るわけだが。(14)また、火山の噴火リスクに関しては、2014年11月2日、次の報道がされている、「原発の火山対策をめぐり、日本火山学会の原子力問題対応委員会は2日、福岡市で会合を開き、原子力規制委員会の審査基準『火山影響評価ガイド』について、噴火予測の限界や曖昧さを踏まえて見直しを求める提言をまとめた。3日の臨時総会で報告し、学会ホームページで公表する。対応委員会委員長の石原和弘京都大名誉教授が報道陣に明らかにした。提言は『噴火予測の可能性、限界、曖昧さの理解が不可欠』とした上で、ガイドの見直しを求めた」（日本経済新聞HP「噴火対策、原発も見直しを 火山学会が提言」。日本火山学会原子力問題対応委員会『巨大噴火の予測と監視に関する提言』参照）」。

以上のように、原発再稼働については、国政上の重要問題に関して、政府の活動が国民の意思と乖離しているといえる。

だから、安倍政権は、原発再稼働を諦めるか、原発国民投票を実施するべきだ。

いずれにせよ、速やかな原発再稼働はするべきではない。

5　直接民主制・代表民主制と原発国民投票

次に、❸直接民主制・代表民主制に注目して述べる。

まず、直接民主制・代表民主制に関して、簡単に説明する。

直接民主制は、国民が直接政治を行う制度。

代表民主制（間接民主制）は、国民の中から代表者を選び、その代表者が国民に代わって政治を担当する制度。

そして、民主主義は、国民による政治の実現を理想とする。

その理想を実現するためには、国民が自ら統治を行う直接民主制が望ましい[15]。

以上のことをふまえると、直接民主制を実現するための制度である諮問型国民投票の実施は、望ましいということになる。

そのため、原発に関していうと、「原発国民投票を実施するべきだ！」ということになる。

国民投票には、議会における政党の利害対立から離れて、国民の意思を政治に直接反映させることができ、選択された政策に正当性を与えることができるというメリットがある。

代表民主制には、国民の意思と議員の意思の間に乖離が生じてしまうという問題があるが、国民投票のそのメリットは、代表民主制のその問題を補うことができる（再選・昇進・政策の実現という議員の目標をふまえると、そのような乖離が生じてしまうことは納得できるだろう。議員は、国民の意思を国政に反映させることだけを目的に、活動しているわけではない）。

原発国民投票にも、もちろんそのような効果がある。

Ⅳ　「原発国民投票を実施するべきではない！」

1　原発国民投票実施に関する賛否両論

　以上のように、❶国民の明確な意思表示、❷説明・検討・議論の機会、❸直接民主制・代表民主制に注目して、「原発国民投票を実施するべきだ！」ということができる。

　ただ、原発国民投票の実施に関して、世の中にあるのは、「原発国民投票を実施するべきだ！」という意見だけではない。

「原発国民投票を実施するべきではない！」という意見もある。何事にも賛否両論があるのだから、そのような意見があるのは当然だ。

　そして、先程、世論調査の結果をふまえて、「安倍政権は、原発再稼働を諦めるか、原発国民投票を実施するべきだ」と述べたが、「原発国民投票を実施するべきではない！」という意見が合理的だとすると、そのようにいえなくなってしまう。

　そこで、以下、❹国会論議、❺原発の押し付けに注目して、「原発国民投票を実施するべきではない！」という意見について考える。

2　原発国民投票実施に否定的な安倍首相

まず、❹国会論議に注目して述べる。

２０１４年2月3日、第186回国会衆議院予算委員会で、原発国民投票に関して、以下の議論がされた。

阪口直人衆議院議員は「このエネルギーの問題、これは大変な難題だと思います。私たち日本維新の会も、このエネルギー政策がまだ完全にまとまっているわけではありません。しかし、私も役所に対して、例えば、最終処分にどれぐらいの費用がかかるのかということも含めて、さまざまな試算、現在のところのコストの計算を求めてきたわけですが、これは役所によっても違う、また、専門家によっても言うことが違うんですね。私は、このテーマについては、全ての国民に対して将来の方向性を問いかける国民投票を実施すべきではないか、このようにずっと考えてまいりました。民主党政権の中でも、このような提案を私はしてまいりました。残念ながら、力不足で、その方向性には及びませんでしたが。しかし、一年、二年かけて原発を廃止する、そして再生エネルギー社会システムに移行する中で、どういうメリットがあるのかデメリットがあるのか、あらゆる角度から情報を出し、また、国民的な議論を行った上で方向性を決める。これは、私は政治の大きな挑戦だと思います。また、国民投票といっても、諮問型の国民投票であれば、憲法改正を行うことなく、議員立法で行うことが可能なんです。私自身は、紛争地域の選挙の支援や、あるいは独立住民投票などの支援活動をこれまで行ってきました。一つの議題に関して全国民が議論をする。学校でも職場でも、あるいは居酒屋でも、私たちがどのような未来を生きるのか、価値観をみずからに問いかける、そういった機会、これは政治の決断でできるんですよ。どうでしょうか、安倍総理。今、都知事選挙の争点、これは原発だ、いや、そうじゃない、そういった議論もございますが、まさに全国民に対してこのような問いかけをする。総理、ぜひ考えていただきたいと思います。いかがでしょうか」と発言・質問した。

それに対し、安倍首相は「国民投票については、基本的には、国民投票は、憲法改正に伴う国民投票について、国民投票法について今議論がなされているわけでありまして、その残っている宿題の中において、憲法の条文だけでやるのか、あるいは憲法の条文にかかわりがないことについてもやるかということについても、これはちゃんと議論をしていただきたい、こう思うところでございます。同時に、例えば消費税もそうですよ。こういう国民みんなが考えるべきことを、それこそまさに、我々、各選挙区から国民によって選ばれてきた議員が、国会において議論を交わしながら、そしてその中で責任を持って判断をしていくことではないか、こう思うわけでございまして、つまり、みずからの責任をある意味放棄する上において国民投票に付するということも行われる危険性すらあるだろうと私は思うわけでございます。エネルギー政策については、これは当然、ある程度専門的な知識も必要でありますし、深い洞察も必要なんだろう、こう思うわけでありまして、我々の政権としては、私たちの政権において責任あるエネルギーミックスを構築していくべく、ベストを尽くしていきたいと考えております」と答弁した。

その答弁をふまえて、安倍首相は原発国民投票の実施に否定的だと報道された［産経新聞ＨＰ「安倍首相、原発国民投票に否定的『議員の責任放棄の危険性』」参照］。

では、なぜ、安倍首相は、原発国民投票の実施に否定的な立場にたつのだろうか。先程示した２０１４

年2月3日の阪口衆議院議員・安倍首相の議論をふまえて考える。

まず、安倍首相は「同時に、例えば消費税もそうですよ。こういう国民みんなが考えるべきことを、それこそまさに、我々、各選挙区から国民によって選ばれてきた議員が、国会において議論を交わしながら、そしてその中で責任を持って判断をしていくことではないか、こう思うわけでございまして、『つまり、みずからの責任をある意味放棄する上において国民投票に付するということも行われる危険性すらあるだろう』と私は思うわけでございます」と答弁している（以下、その答弁を「安倍首相答弁❶」とする。『』は筆者が付けた）。

安倍首相答弁❶が、原発国民投票の実施を促す阪口衆議院議員の発言・質問に応じたものということをふまえると、安倍首相が原発国民投票の実施に否定的な立場にたつ理由は、まず、❶諮問型国民投票の実施には議員の責任放棄の危険性があるということだ。

もちろん、理由❶は、原発国民投票に限らず、諮問型国民投票の実施に否定的な立場にたつ理由になる。

また、安倍首相は「エネルギー政策については、これは当然、ある程度専門的な知識も必要でありますし、深い洞察も必要なんだろう、こう思うわけでありまして、我々の政権としては、私たちの政権において責任あるエネルギーミックスを構築していくべく、ベストを尽くしていきたいと考えております」と答弁している（以下、その答弁を「安倍首相答弁❷」とする）。

安倍首相答弁❷が、原発国民投票の実施を促す阪口衆議院議員の発言・質問に応じたものということをふまえると、安倍首相答弁❷からは、エネルギー政策に関する国民の知識・洞察力は不十分だろうという安倍首相の考え方（エネルギー政策に関する国民の知識・洞察力を信頼していない安倍首相の考え方）が読み取れる。原発政策は、もちろんエネルギー政策の一部だ。

安倍首相がそれらを信頼していれば、「エネルギー政策を判断するためには、専門的知識・深い洞察が必要だ。そして、エネルギー政策に関して、国民は専門的知識・深い洞察力をもっている。そこで、阪口衆議院議員の促すとおり、原発国民投票を実施しよう」というような答弁になる（「エネルギー政策を判断するためには、専門的知識・深い洞察が必要だ。そして、エネルギー政策に関して、国民は専門的知識・深い洞察力をもっている。しかし、阪口衆議院議員の促す原発国民投票の実施には賛成できない。エネルギー政策に関して専門的知識・深い洞察力をもっている安倍政権が、エネルギー政策を判断する」というような答弁は、先程示した阪口衆議院議員・安倍首相の議論をふまえると不自然だ。専門的知識・深い洞察の話を持ち出す必要がない）。

安倍首相がそれらを信頼していないから、「エネルギー政策を判断するためには、専門的知識・深い洞察が必要だ。ただ、エネルギー政策に関して、国民は不十分な知識・洞察力しかもっていないだろう。だから、阪口衆議院議員の促す原発国民投票の実施には、賛成できない。エネルギー政策に関して専門的知識・深い洞察力をもっている安倍政権が、エネルギー政策を判断する」というような答弁になる、それが安倍首相答弁❷だ。

そこで、❷エネルギー政策に関する国民の知識・洞察力は不十分だろうということも、安倍首相が原発国民投票の実施に否定的な立場にたつ理由だ。いい方をかえると、安倍首相がエネルギー政策に関する国民の知識・洞察力を信頼していないことが、安倍首相が原発国民投票の実施に否定的な立場にたつ理由だ。原発国民投票に限らず直接民主制に対する批判としてよく言及されるのが、国民の政策判断を行う素養に対する不信だ。理由❷は、それに関するものであり、安倍首相が特別な考え方をしているわけではない。

なお、その議論の中で、阪口衆議院議員は「国民投票といっても、諮問型の国民投票であれば、憲法改正を行うことなく、議員立法で行うことが可能なんです」と発言しているが、それに対する答弁の中で、安倍首相はその発言を否定していない（先程述べたように、政府見解は、憲法上、諮問型国民投票は許容されるというものだ）。

以上のように、安倍首相が原発国民投票の実施に否定的な立場にたつ理由は、❶諮問型国民投票の実施には議員の責任放棄の危険性がある、❷エネルギー政策に関する国民の知識・洞察力は不十分だろう、ということだ。要するに、理由❶❷に基づいて、「原発国民投票を実施するべきではない！」ということだ。

安倍首相が原発国民投票の実施に否定的なのは、驚くべきことではない。

というのは、そのような考え方は、旧来の自由民主党政治家に多い考え方だからだ。旧来の自由民主党政治家には、国民投票・住民投票の導入・実施に懐疑的なタイプの人が多かった。安倍首相は、旧来の自由民主党政治家らしい考え方をしているだけなのだ［国民投票・憲法96条改正に関して、東京大学教授の石川健治氏は、次の指摘をしている、「良き民主政治にとって、『代表』は必要不可欠か、というのは真剣に問う必要のある問いである。もちろん賛否両論であろう。有権者は日頃自分自身の利益を追求するので手いっぱいだから、国民全体の立場からしっかりと議論をし、公共の利益を追求する『代表』なしには、良き民主政治にはならない。これが、日本国憲法が採用する、間接民主制（代表民主制）の論理である。中央政治・地方政治を問わず、旧来の自民党政治家に、『代表』を飛ばして直接『民意』に訴える、国民投票や住民投票の導入に懐疑的なタイプの人が多かったのは、その意味では首尾一貫していた。そして、憲法改正手続きから国民投票をはずすことを主張するならば、その当否は別として、議会政治家として筋が通っている。ところが、今回の改憲提案では、直接『民意』に訴えるという名目で、議会側のハードルを下げ、しゃにむに国民投票による単純多数決に丸投げしようとしている。議会政治家としての矜持が問われよう。衆愚政治に陥らない民主政治とは何であるかを、真摯に議論する必要がある」【朝日新聞ＨＰ「(寄稿　憲法はいま) 96条改正という『革命』　憲法学者・石川健治」】。

では、❶諮問型国民投票の実施には議員の責任放棄の危険性がある、❷エネルギー政策に関する国民の知識・洞察力は不十分だろう、ということを理由とする「原発国民投票を実施するべきではない！」という意見は、合理的なのだろうか。

以下、そのことについて考える。

3　議員の責任放棄の危険性と原発国民投票

(1)　危険性の程度・その根拠

まず、❶諮問型国民投票の実施には議員の責任放棄の危険性があるということを理由とする「原発国民投票を実施するべきではない！」という意見は、合理的なのだろうか。

その意見が合理的といえるためには、①議員の責任放棄の危険性が高いこと、②①に合理的な根拠があることが必要だ。

例えば、その危険性はほぼないが、あるかないかといえば、ある、という程度のことで、「諮問型国民投票を実施するべきではない！」「原発国民投票を実施するべきではない！」と主張するのは、先程述べた諮問型国民投票の大きな意義をふまえると不合理だ。いい方をかえると、不当な諮問型国民投票実施の可能性がわずかにあることを理由に、諮問型国民投票実施を拒否するのは不適切だ。多くの正当な諮問型国民投票の芽をつむことになってしまう。先程述べた諮問型国民投票の大きな意義をふまえると、その危険性が高いことが必要だ（①）。また、①に合理的な根拠が必要なのは当然だ。「諮問型国民投票の実施には、議員の責任放棄の高い危険性がある」という妄想に基づいて、「諮問型国民投票を実施するべきではない！」「原発国民投票を実施するべきではない！」と主張されても、その主張が合理的といえるわけがない（②）。

そして、先程示したように、❶諮問型国民投票の実施には議員の責任放棄の危険性があるということを理由とする「原発国民投票を実施するべきではない！」という意見の出所は、安倍首相答弁❶だ。安倍首相答弁❶で、①②は示されていない。安倍首相が、ただ危険性を主張しただけだ（安倍首相答弁❶を再掲しておく、「同時に、例えば消費税もそうですよ。こういう国民みんなが考えるべきことを、それこそまさに、我々、各選挙区から国民によって選ばれてきた議員が、国会において議論を交わしながら、そしてその中で責任を持って判断をしていくことではないか、こう思うわけでございまして、つまり、みずからの責任をある意味放棄する上において国民投票に付するということも行われる危険性すらあるだろうと私は思うわけでございます」）。

そのため、安倍首相答弁❶をふまえると、❶諮問型国民投票の実施には議員の責任放棄の危険性があるということを理由とする「原発国民投票を実施するべきではない！」という意見は、合理的とはいえない。

簡単にいうと、安倍首相答弁❶に対しては、「議員の責任放棄の危険性はどの程度あるの？ その根拠は？ 安倍首相がそう思うだけなの？」という疑問が生じる。

ところで、安倍首相は「みずからの責任をある意味放棄する上において国民投票に付するということも行われる危険性すらあるだろうと私は思うわけでございます（安倍首相答弁❶参照）」と答弁しているわけだが、そんな国民投票を実施するためには、当然、多数の議員がそれに賛成する必要がある。そんなろくでもない議員が多数いるのだろうか。ちなみに、現在、自由民主党は、衆議院で過半数をはるかに超える議席数を保有している（なお、その答弁がされた当時も、そうだった）。つまり、現状、自由民主党が賛成するか、造反して賛成する自由民主党所属議員が多数出ない限り、そんな国民投票は実施されない（一般に、日本の政党は、国会での議決の際、ほぼ全ての場合に党議拘束をかける。党議拘束は、国会での議決の前に各政党が賛否を決めておき、それに従った投票行動を所属議員に命じ、所属議員の投票行動を拘束することだ。党議拘束に違反した投票行動のことを造反という）。

（2）諮問型国民投票・国会論議とリトアニア原発国民投票

そして、そもそも、原発国民投票は、諮問型国民投票を想定している。先程示した2014年2月3日、第186回国会衆議院予算委員会における阪口衆議院議員・安倍首相の議論も同様だ（その議論の中で、阪口衆議院議員は「国民投票といっても、諮問型の国民投票であれば、憲法改正を行うことなく、議員立法で行うことが可能なんです」と発言している。そして、その発言に対する答弁の中で、安倍首相はその発言を否定・修正していない）。

諮問型国民投票は、結果に法的拘束力がない。

だから、原発国民投票を実施し、その結果（民意）をふまえて、議員が国会で議論し、責任をもって、原発の稼働に関して判断したら良い。

原発国民投票を実施してもしなくても、議員が国会で議論し、責任をもって判断するのは同じだ。ただ、原発国民投票を実施した場合は、原発国民投票の結果をふまえて、議員が国会で議論することになり、それを実施しない場合は、そうならないという違いがある。原発国民投票を実施した場合は、しなかった場合に比べ、国会で議論するにあたって参考になる資料が1つ増え、充実した議論を経た判断ができる。

だから、通常、原発国民投票の実施は、議員の責任放棄になるどころか、議員がしっかりと責任を果たすことにつながる。

なお、諮問型国民投票に関して、1978年2月3日、第84回国会衆議院予算委員会で、福田赳夫首相（当時）は次の答弁をした、「いろいろ立法なんかを国会にお願いする、そういう際に、これは国民全体がどういうふうに考えておるかなというようなことをよく考えることがあります。ありますから、そうすると、そういう際に国民の意見を聞くということになると、国会が国会活動の使命を達する、その上の資料といたしまして、また別の角度から、国会とは別に、広く国民の意見を聞く、こういうことだろうと思う。いわば国会のイニシアによるところの世論調査だ、こういうことだろうと思いますが、私は、そういうことが有益であるという場面もこれはあると思うのですよ。でありますから、そういう際の、国会がそのイニシアにおいて国民の意見を聞くその仕組み、そういうことにつきまして各党間でお話をしてみるということは、これは大変有益じゃないか、そのように私は考えます」。

諮問型国民投票のデメリットに注目して、それに否定的な答弁をする首相もいれば、そのメリットに注目して、それに肯定的な答弁をする首相もいるということだ。

他人の粗探しばかりしている人もいれば、他人の良いところを見つけるのが得意な人もいる。

人生いろいろ、人間性もいろいろ、首相もいろいろ、ということだ。

なお、原発国民投票のメリットに関して、2012年7月18日、第180回国会参議院社会保障と税の一体改革に関する特別委員会で、次の議論がされた。

櫻井充参議院議員は「今総理から御指摘がありましたが、国民の皆さんの声をお伺いしてと、非常に大事な観点だと思うんですね。そういう意味でいうと、例えばこの原発問題に関して国民投票を行うようなお考えはないでしょうか。例えば、リトアニアですけれども、今度新しく原発を造るかどうかについて、諮問型ではありますが、国民投票を実施することになってきております。ですから、ある特定の方々だけの声が反映されるような形になるから様々な問題があるのであって、広く国民の声をお伺いするということであれば、この問題について国民投票を私は実施したらいいんじゃないのかと思っていますが、その点に関してはいかがでしょうか」と発言・質問した（その発言・質問で述べられているように、リトアニアでは原発国民投票が実施された、2012年のことだ。その原発国民投票では、ビサギナス新原発建設の是非が争点になった。結果は、反対が6割を超え、賛成を大きく上回った）。

それに対し、野田佳彦首相（当時）は「私、元々、民主党、重要な課題については場合によっては国民投票という考え方を持っておりましたが、これ憲法改正については国民投票という形で今制度にはなったというふうに思います。その中で、国民投票をするかどうか、これ一つのアイデアだと思いますけれども、できるだけ多くの国民の皆様の意思を確認する、意見が聴取できる、そういう場面をつくるための工夫というのは最大限取り入れていきたいというふうに考えております」と答弁した。

（3）議員・政府の説明責任と特定秘密保護法

また、議員の責任は、国会で議論したうえで判断することに限られない。

例えば、国民に説明することも、議員の責任だ。説明責任に基づく説明を聞いたことがある人は少ないかもしれないが、説明責任という言葉自体を聞いたことがある人は少なくないだろう。特に、国政上の重要問題に関する政策について国民に説明することは、議員の重要な責任だ。

そして、先程述べたように、諮問型国民投票は、議員・政府が、国政上の重要問題に関する自らの政策を国民に説明する機会になる。

だから、通常、原発国民投票の実施は、議員の責任放棄になるどころか、議員がしっかりと責任を果たすことにつながる。

ところで、２００６年9月29日、第165回国会衆議院本会議で、安倍晋三首相（当時）は「『私は、国民との対話を何よりも重視します』。メールマガジンやタウンミーティングの充実に加え、『国民に対する説明責任を十分に果たすため』、新たに、政府インターネットテレビを通じて、みずからの考えを直接語りかけるライブトーク官邸を始めます」と答弁した（『』は筆者が付けた）。

安倍政権は原発再稼働に向けて突き進んでいるが、世論調査の結果をふまえると、国民の多くは原発再稼働に反対している。安倍政権の原発再稼働の動きは、国民に理解されていない。

安倍政権は、説明責任を十分果たしたのだろうか。

十分果たしてはいないというのであれば、そして、原発再稼働を諦めないのであれば、原発国民投票を実施して、その際に、国民と対話し、説明し、国民に理解されるように努めるべきだ。原発国民投票を実施して、原発再稼働に否定的な結果（民意）が示されたら、安倍政権の目指す原発再稼働は困難になる。そのため、安倍政権は、原発国民投票の際、国民に一生懸命説明することになるはずだ。その結果、国民に対する説明責任を十分果たすことになるだろう。

いくら国民に語りかけても、国民に理解されていない重要な政策に関して説明しなければ意味がない。都合の良いことばかり国民に語っても、説明責任を果たしたとはいえない。それは説明ではなく宣伝だ。

特定秘密の保護に関する法律（特定秘密保護法）に関して、その成立後の2013年12月9日、記者会見で、安倍首相は「厳しい世論については、国民の皆様の叱正であると、謙虚に、真摯に受けとめなければならないと思います。私自身がもっともっと丁寧に時間をとって説明すべきだったと、反省もいたしております」と発言した[16]（「そう思っているなら、特定秘密保護法を成立させなかったら良かったのに……成立後に初めて説明不足に気付いて、反省したの？ 気付くのが遅くない？」と思う人もいるかもしれないが、そのことは置いておく）。

反省しても、生かさなければ、意味がない。

「安倍首相は、内閣支持率の下落を防ぐために、その記者会見で、謙虚なふり、反省したふりをしていたのかな？ 安倍首相に、ゴールデンラズベリー賞をあげたいよ」というような思いを国民に抱かせないためにも、反省を生かし、説明責任を十分果たすべきだ。

（４）スコットランド・カタルーニャ独立住民投票、ニュージーランド国旗変更国民投票

原発国民投票実施に関することは、そんなに難しいことではない。①原発国民投票を実施するための法

律を立法する、②原発国民投票にかける案を決定する、③国民投票の実施日まで、国民にしっかり説明する、④国民投票で、国民に意思を示してもらう、⑤国民投票の結果（民意）をふまえて、議員が、国会でしっかり議論し、責任をもって判断する（①に関しては、参考になる法律として国民投票法がある。国民投票法は、憲法改正国民投票に関する手続を規定した法律だ。また、住民投票条例も参考にできる。なお、①②に関しては、事実上、②が先になる可能性もある）。

政府・議員は、そんなことすらできないのだろうか。

世論調査の結果を見ると、安倍政権の原発再稼働の動きは国民に理解されていない。

安倍首相・安倍政権は、当然、そのことを認識しているはずだ。

そのような状況で、国民に説明すること、そして、そのうえで国民の意思を確認することが、議員の責任放棄になるはずがない。代理人の活動が本人に理解されていない場合、代理人がその活動について本人に説明し、そのうえで、本人の意思を確認するのは当然だ（「本人Aが、代理人Bの活動αを快く思っていない」とBが聞いた場合に、Bが「Aに説明し、その意思を確認するのは、代理人の責任放棄になるおそれがある。私は代理人に選ばれたのだから、責任をもってαを実行する」といったら、Bはどう思われるだろうか）。

現在の状況をふまえると、原発国民投票実施は議員の責任放棄とはいえないのだから、安倍政権・自由民主党は原発再稼働を諦めないのであれば、ひとまず、今回、原発国民投票を実施するための法律を立法すれば良い（世論調査で原発国民投票実施を求める民意が示されれば、さらに、そのようにいいやすい。スコットランド独立住民投票・カタルーニャ独立住民投票・ニュージーランド国旗変更国民投票に関する最近の報道を見て、「重要なことは国民自身で選択したい！」と思うようになった人も少なくないだろう。

原発国民投票に関する世論調査を報道機関が定期的に実施すれば、その結果には大きな意義があるし、また、国民投票に対する国民の関心を高めることになる。なお、原発国民投票の実現のために活動しているグループがあり、それは、「みんなで決めよう『原発』国民投票」だ。同グループは日本各地で活動しており、同グループのＨＰによると、２０１４年11月30日現在、賛同人総数６９０１人、獲得署名数１６４０５１筆、ということだ）。

諮問型国民投票を実施するための恒久法を立法する必要はない（恒久法とは、有効期間を限定しない法律のことだ）。

(5)「決められない政治」→「決める政治」→「決め過ぎる政治」

近年、「決められない政治」が問題視されていた［「決められない政治」という言葉が新聞紙上で使われ始めたのは、２００８年の春先からだ（日本経済新聞ＨＰ「『決められない政治』の源」）］。

しかし、２０１２年の第46回衆議院議員総選挙を経て誕生した安倍政権によって、「決められない政治」を問題視するような状況ではなくなった。

国民は「決められない政治」から解放された。

それは、安倍政権の功績だ（自由民主党も、２０１３年の第23回参議院議員通常選挙の政権公約『参議院選挙公約２０１３』で、「自民党が約束した政策は『決める政治』によって確実に成果を生みつつあります」としている）。

ただ、別の問題が生じている。

「決め過ぎる政治」になっている。

「決められない政治」→「決める政治」までは良かったが、さらに、→「決め過ぎる政治」になってしまっている。

「決める政治」は結構なことだが、決めるべきではないときに決めたり、決めるべきではないことを決めたりするのは、「決め過ぎる政治」で問題だ。何事にも限度がある。

安倍政権に関しては、「決め過ぎる政治」が目立っている。

例えば、特定秘密保護法。

特定秘密保護法に関しては、先程述べたように、安倍首相が自ら説明不足を反省する発言をした。つまり、安倍政権は、国民に十分説明する前に特定秘密保護法を成立させてしまった（もちろん、厳密にいえば、特定秘密保護法を成立させたのは国会だが、安倍政権がそれを主導していたのは間違いない）。

しかも、当時、国民の多くは、特定秘密保護法に賛成していなかった。[17]

そのような状況で、特定秘密保護法を成立させるべきではなかった。

安倍政権は、特定秘密保護法の成立を早期に決め過ぎた。

しかも、２０１３年の第23回参議院議員通常選挙の政権公約『参議院選挙公約２０１３』には、「特定秘密の保護に関する法律」「特定秘密保護法」という言葉がない、そもそも、「秘密」という言葉がない。「産業競争力強化法（仮称）」「農山漁村計画法（仮称）」という言葉はあるので、『参議院選挙公約２０１３』に法案名が全く記載されていないわけではない。記載されている法案名もある。そのことと、第23回参議院議員通常選挙後すぐに特定秘密保護法が重要な政治課題になったことをふまえると、「もしかして、選挙に悪影響が及ぶのを避けるために、わざと、『参議院選挙公約２０１３』に明確な記載をしなかったのか？」という疑問が生じる［選挙の際に、選挙に不利になる政策を隠したり、曖昧に記載したりするのは、政党の利益（獲得議席の増加・獲得票数の増加）を最大化するための合理的選択ともいえる。しかし、国民にとっては極めて迷惑だ。評価を得るために事実を切り貼りした論文も問題だが、票を得るために政策を切り貼りした政権公約も問題だ。そして、そのようなことが行われていることをふまえると、国民にまともな政策選択の機会を与えるために、「諮問型国民投票を実施するべきだ！」ということになる］。

『参議院選挙公約２０１３』に関する以上のことをふまえると、先程示した状況で、特定秘密保護法を成立させるべきではなかった、安倍政権は特定秘密保護法の成立を早期に決め過ぎた、といいやすい。

また、例えば、集団的自衛権。

２０１４年7月1日、安倍政権は、政府の憲法解釈変更によって集団的自衛権行使を容認した（なお、集団的自衛権行使のための法整備は、これからだ）。

ただ、従来の政府の考え方は、「集団的自衛権行使を容認する場合は、憲法改正でしなければならない」というものだ。従来、政府の憲法解釈変更による集団的自衛権行使容認が可能という政府の答弁はなかった[18]。つまり、従来の政府の考え方に基づくと、政府の憲法解釈変更による集団的自衛権行使容認は問題だ。

２０１４年、安倍首相の下で政府の憲法解釈変更による集団的自衛権行使容認のために懸命に働いた高村正彦自由民主党副総裁も、２００２年6月6日、第154回国会衆議院憲法調査会国際社会における日本のあり方に関する調査小委員会で、次の発言をして、政府の憲法解釈変更による集団的自衛権行使容認を問題視していた、「であるから、集団的自衛権、今一国だけで国が守れる時代でなくなってきている、それは日本だけじゃなくて。そういう中で、必要最小限というのは、集団的自衛権の範囲でも必要最小限はあってしかるべきではないか、最初からそういう解釈をすればよかったな、こういうふうに私は思っているわけであります。ただし、現実の問題として、そういう解釈を政府はとってこなかったわけであります。これは何も内閣法制局がとってこなかったというだけでなくて、歴代の総理大臣も、私も含めて外務大臣も防衛庁長官も、そして内閣そのものが集団的自衛権はだめよということをずっと言ってきたわけであります。これでは、ちょっと日本の安全保障、守るためにまずいのではないかな、こういうふうに私自身思うわけでありますが、ずっとそういうふうにやってきて、では、困るから、解釈改憲でいきましょうというのか。国民的議論を巻き起こして憲法を改正する、そっちの方がはるかに大変で、トップがぱっと変えるというのはある程度簡単なんですが、私は普通の国という言葉は余り好きじゃないんですが、当たり前の国と私は言っているんですが、『当たり前の国という場合に、安全保障の問題もあるんですが、日本が本当の意味の法治国家にならなければいけない。法に従ってやらなければいけない。法というのは、権力の側も拘束するわけですから。今までずっとそういう解釈をとってきたのに、必要だからぱっと変えてしまうというのは、私はそこにやはり問題があると言わざるを得ない。本筋からいえば、やはり国民的議論のもとで憲法改正をしていく、集団的自衛権を認めるような形で』。これは、自衛隊の存在を明記すれば、何もそんな集団的自衛権はだめよというような無理な解釈しなくてもいいわけでありますから、そういう形で憲法改正をしていくのが本筋だな、私はそういうふうに考えているんですが、先生の御批判をいただいて、それで終わりたい、こういうふうに思います」「『』は筆者が付けた。自由民主党に限らず、政府の憲法解釈変更による集団的自衛権行使容認に賛成の立場の政党の中には、次のように思っている議員がいるかもしれない、「政府の憲法解釈変更による集団的自衛権行使容認（解釈改憲）は問題だ。立憲主義・法治主義の観点から問題がないわけがない。しかし、政党の方針に逆らうことはできない、そんな勇気はない。重視するべきは、日本の安全保障ではない、自分の立場の安全保障だ。だから、『政府の憲法解釈変更による集団的自衛権行使容認は問題ではない』といい続けよう、強弁しよう。でも、きっと国民は批判するだろう……あれ？ 政府の憲法解釈変更による集団的自衛権行使容認に賛成の国民がいる。それどころか、全く問題を感じていない国民までいる。意外だ。『問題ではない』というのを信じてしまったのか⁉ ラッキーというか、情けないというか、哀れというか……何でもいってみるものだね」」。

だから、集団的自衛権行使容認を内閣が決めてしまうのは決め過ぎだ、それは内閣が決めて良いことではない（従来の政府の憲法解釈とは異なる憲法解釈を内閣が採用することによって、政府の憲法解釈変更が行われる。安倍政権は、閣議決定によって、従来の政府の憲法解釈とは異なる憲法解釈を採用し、集団的自衛権行使を容認した）。

しかも、容認当時、国民の多くが政府の憲法解釈変更による集団的自衛権行使容認に賛成しているという状況ではなかった［日本経済新聞社とテレビ東京による2014年6月27日〜29日の世論調査では、集団的自衛権を「使えるようにすべきだ」という回答は34％であり、「使えるようにすべきではない」の50％を下回った。また、憲法改正でなく憲法解釈を変更して集団的自衛権行使を容認することには賛成が29％で、反対が54％だった（日本経済新聞ＨＰ「集団的自衛権『反対』50％、『賛成』34％ 本社世論調査 内閣不支持率は36％」）。また、集団的自衛権行使容認後の2014年7月2日〜3日、読売新聞は世論調査を実施した。その結果は、集団的自衛権を限定的に使えるようになったことについては、「評価する」が36％で、「評価しない」は51％と半数に上った（読売新聞ＨＰ「集団的自衛権、事例は理解・総論慎重……読売調査」）。そしてまた、２０１４年7月1日～2日に共同通信社が実施した世論調査の結果は、集団的自衛権の行使容認への反対は54.4％で半数を超え、賛成は34.6％だった（産経新聞ＨＰ「内閣支持47％に下落 集団的自衛権反対54％ 82％が『検討不十分』共同通信世論調査」）。

その状況をふまえると、政府の憲法解釈変更によって集団的自衛権行使を容認してしまうとしても、当時は、それをするべきではなかった。先程述べたように、憲法96条に規定されている国民投票承認要件（国民投票で承認するための要件）が「投票総数の『過半数の賛成』」だということをふまえると、尚更だ。

なお、政府の憲法解釈変更による集団的自衛権行使容認に関しても、『参議院選挙公約２０１３』に明確な記載はなかった。そもそも、それには「集団的自衛権」という言葉すらなかった。

ここまでくると、「自由民主党は、いったい何のために政権公約を発表しているのだろうか？」という疑問を感じる人は少なくないかもしれない。そして、こう思う人もいるかもしれない、「自由民主党がお医者さんじゃなくて良かったぁ。デメリットを説明されずに、手術されたらたまったものじゃない。お医者さんは、自由民主党を反面教師にして、インフォームド・コンセントの際には、メリットだけではなくデメリットもしっかりと説明するようにしてほしいね。まあ、そもそも、メリットだけを説明して同意をとって手術したら、法律上大問題なんだけどね」。

そして、原発再稼働。

「原発再稼働に反対」という多くの国民の声に、安倍政権はしっかり耳を傾けるべきだ。音が聴こえないふりをする作曲家も問題だが、国民の声が聞こえないふりをする政権も問題だ［安倍政権・国民の声に関しては、２０１４年11月、次の報道がされている。安倍内閣が２０１４年４月に閣議決定したエネルギー基本計画をつくる際、国民に意見を募った「パブリックコメント」で、脱原発を求める意見が９割を超えていたことがわかった。朝日新聞が経済産業省に情報公開を求めて開示されたすべてを原発への賛否で分類した。経済産業省は基本計画で原発を「重要なベースロード電源」と位置づけたが、そうした民意をくみ取らなかった（朝日新聞ＨＰ「脱原発の声９割超 パブコメ、基本計画に生かされず」）」。

国民の声を無視して決めて良いことではない。

今の状況で、そんなことを決めてしまうのは決め過ぎだ。

安倍政権は、原発再稼働を諦めるか、原発国民投票を実施するべきだ。

決めるべきではないときに決めたり、決めるべきではないことを決めたりするのは、問題だ。それを「決める政治」といって美化するのは、やめるべきだ。

国民に十分説明する前に決めてしまうのは、説明不足の政治だ。

国民の声を無視して決めてしまうのは、国民無視の政治だ。

（６）自由民主党『日本国憲法改正草案』の欠陥①

ここで、大きく視点をかえる。

先程示したように、❶諮問型国民投票の実施には議員の責任放棄の危険性があるということに関して、安倍首相は「同時に、例えば消費税もそうですよ。『こういう国民みんなが考えるべきことを、それこそまさに、我々、各選挙区から国民によって選ばれてきた議員が、国会において議論を交わしながら、そしてその中で責任を持って判断をしていくことではないか、こう思うわけでございまして』、つまり、みずからの責任をある意味放棄する上において国民投票に付するということも行われる危険性すらあるだろうと私は思うわけでございます」と答弁した（安倍首相答弁❶。『』は筆者が付けた）。

判断主体に注目して簡単にいうと、安倍首相答弁❶は、「国民みんなが考えるべきことは、議員が判断することだ」というものだ。

そして、憲法・憲法改正も、国民みんなが考えるべきことだ。

「消費税は、国民みんなが考えるべきことだ。しかし、国の最高法規である憲法・その改正は、国民みんなが考えるべきことではない」というのは、いくらなんでもおかしい。憲法改正手続に憲法改正国民投票があることをふまえると尚更だ[19]（なお、先程示した２０１４年２月３日の阪口衆議院議員・安倍首相の議論をふまえると、消費税だけではなく、エネルギー政策も、国民みんなが考えるべきことに該当するといえる）。

ちなみに、２０１３年３月11日、第183回国会衆議院予算委員会で、憲法96条改正に関して、安倍首相は次の答弁をした、「今、憲法の議論について、やはり極めて低調なんですね。なぜ低調なのかといえば、これはやはり、いろいろ一生懸命議論したって、結局、国会議員が三分の二だから、きっとそれでやらないんでしょう、こういう、いわば中長期的な大きな課題には、国会議員は取り組む勇気はないんじゃないのということなんですね。ですから、結局、その中において、深まってはいかないんですよ。そこでリアリティーがないということだったのではないかと思います。しかし一方、二分の一ということになれば、これはすぐに国民投票に直面する。国民の皆さんが議論をして、そして、自分たちの一票で憲法を変えていくか、あるいは変えていかないかの判断をせざるを得ないという現実に直面していくことになるんですね。

私は、そこで初めて、憲法という問題、課題についてみんなが真摯に議論をしていくという状況をつくり出すことができるのではないか、こう思うわけであります」。

要するに、その答弁は、「憲法・憲法改正について国民みんなが真摯に議論する状況をつくるために、憲法96条改正をするべきだ」というものだ。

その答弁からは、「憲法・憲法改正は、国民みんなが考えるべきことだ」という安倍首相の考え方が読み取れる。なぜなら、「憲法・憲法改正は、国民みんなが考えるべきことではない。でも、それについて国民みんなが真摯に議論する状況をつくるために、憲法96条改正をするべきだ」という主張は合理的とはいいにくいからだ。そんな主張をしたら、「憲法・憲法改正が、国民みんなが考えるべきことではないなら、それについて国民みんなが真摯に議論する必要はない。だから、そんな憲法改正をする必要はない」と批判されることになる。そんな主張よりも、「憲法・憲法改正は、国民みんなが考えるべきことだ。だから、それについて国民みんなが真摯に議論する状況をつくるために、憲法96条改正をするべきだ」という主張の方が、はるかに合理的だ。

ここで、以上で述べたことをまとめると、①「国民みんなが考えるべきことは、議員が判断することだ」、②「憲法改正は、国民みんなが考えるべきことだ」（要するに、憲法改正は、国民みんなが考えるべきことの一部ということだ）。

①②から導かれる考え方は、「憲法改正は、議員が判断することだ」という考え方だ（②「憲法改正は、『国民みんなが考えるべきこと』だ」と①「『国民みんなが考えるべきこと』は、議員が判断することだ」からは、「憲法改正は、議員が判断することだ」が導かれる。なお、もちろん、先程示した2014年2月3日の阪口衆議院議

員・安倍首相の議論の中で、安倍首相は「国民みんなが考えるべきことは、議員が判断することだ。ただし、国民みんなが考えるべきことの中でも、憲法改正は例外だ」という趣旨の答弁をしていない)。

その考え方が、ここからの話のポイントになる。

先程述べたように、憲法96条は憲法改正手続について規定している。

その憲法96条の改正を、安倍政権・自由民主党は目指している（2014年2月4日、第186回国会衆議院予算委員会で、安倍首相は憲法96条改正への強い意欲を改めて示した[20]。また、政府の憲法解釈変更による集団的自衛権行使容認の後、安倍政権が憲法96条改正を目指す可能性があると指摘されていた[21]）。

そして、『日本国憲法改正草案』100条が、自由民主党の憲法96条改正の案だ（自由民主党『日本国憲法改正草案Q＆A増補版』によると、自由民主党が「いずれ憲法改正原案として国会に提出することになる」と考えているものが、『日本国憲法改正草案』だ）。

『日本国憲法改正草案』100条を示す。

『日本国憲法改正草案』100条

1項　この憲法の改正は、衆議院又は参議院の議員の発議により、両議院のそれぞれの総議員の過半数の賛成で国会が議決し、国民に提案してその承認を得なければならない。この承認には、法律の定めるところにより行われる国民の投票において有効投票の過半数の賛成を必要とする。

2項　憲法改正について前項の承認を経たときは、天皇は、直ちに憲法改正を公布する。[22]

『日本国憲法改正草案』100条の憲法改正手続は、「発案」→「発議」→「承認」→「公布」だ。『日本国憲法改正草案』100条の文言に従って具体的にいうと、次のとおりだ。

「発案」とは、憲法改正原案を提出すること。発案は、衆議院議員・参議院議員がする（なお、『日本国憲法改正草案』100条の文言は、「衆議院又は参議院の議員の発議により」となっている。『日本国憲法改正草案』100条全体を見ればわかるだろうが、同条の「発議」は、本書における「発案」のことだ）。

「発議」とは、国民投票にかける憲法改正案を決定すること。発議は、国会がする。そして、国会が発議をするためには、各議院の総議員の過半数の賛成（「衆議院の総議員の過半数の賛成」と「参議院の総議員の過半数の賛成」）が必要だ。

「承認」とは、国民投票で憲法改正について承認すること。国民投票で承認するためには、有効投票の過半数の賛成が必要だ。

「公布」とは、成立した憲法改正を、国民に表示して、周知させること。憲法改正について「承認」を経たとき、天皇は直ちに公布する。

そして、「公布」に関していうと、天皇は憲法改正の公布をするだけだ。天皇は憲法改正を拒絶できない。

そのため、『日本国憲法改正草案』100条の憲法改正手続では、憲法改正をするという最終判断を、憲法改正国民投票で国民がする（議論の結果、全ての議員が憲法改正$α$をするべきだと判断し、国会が発議しても、国民が憲法改正$α$をするべきではないと判断し、国民投票で承認しなければ、憲法改正$α$は実現しない。国民が憲法改正$α$をするべきだと判断し、国民投票で承認すると、憲法改正$α$は実現する）。

つまり、自由民主党は、憲法改正をするという最終判断を国民投票で国民がする憲法改正手続を主張している。その主張が表れているのが、『日本国憲法改正草案』100条だ。

ただ、「憲法改正は、議員が判断することだ」という考え方に基づくと、憲法改正をするという最終判断を国民がする憲法改正手続には問題がある。

つまり、「憲法改正は、議員が判断することだ」という考え方に基づくと、『日本国憲法改正草案』100条の憲法改正手続には問題がある、『日本国憲法改正草案』100条の憲法改正手続は欠陥制度だ。

忘れている人はいないと思うが、「憲法改正は、議員が判断することだ」という考え方は、安倍首相答弁❶から導かれた考え方だ、しかも、ごく自然に。

そしてもちろん、安倍首相は自由民主党総裁でもある。

要するに、安倍自由民主党総裁・首相の答弁からごく自然に導かれる考え方、すなわち、「憲法改正は、議員が判断することだ」という考え方に基づくと、自由民主党『日本国憲法改正草案』100条の憲法改正手続は欠陥制度だ。

そのため、その考え方に基づくと、自由民主党は、憲法改正をして、欠陥制度を設けようとしているということだ。しかも、憲法改正国民投票には、1回あたり850億円程度の経費がかかる。[23] 自由民主党は、高額の経費をかけて、欠陥制度を設けようとしているのだ（なお、もちろん、憲法96条の憲法改正手続も、憲法改正をするという最終判断を国民がする憲法改正手続だ。そのことをふまえると、自由民主党は、高額の経費をかけて憲法改正をしようとしているのに、憲法改正手続の欠陥を放置しようとしている、ということになる）。消費税増税など国民の負担を重くしておきながら、しかも、原発避難者・仮設住宅で暮らしている人が多数いる中、高額の経費をかけて、欠陥制度を設けようとしているのだから、笑えない（「くだらない物を作るなら、ポケットマネーを使って、ご自宅でどうぞ。粘土なら数百円で購入できて、しかも、すぐに作り直せるから、くだらない物を作りたい放題。他人に迷惑をかけたらだめですよ」と思う人もいるかもしれない）。

「憲法改正は、議員が判断することだ」という考え方に基づくと、自由民主党は、憲法96条改正をしたいのであれば、例えば、憲法改正手続から憲法改正国民投票を除去し、憲法改正に関する最終判断を議員がする憲法改正手続にすることを主張するべきだ（あくまでも、その考え方に基づくと、例えば、その制度にすることを主張するべきだ、といっているだけだ。すなわち、「憲法改正手続から、憲法改正国民投票を除去するべきだ」と筆者自身が考え、望んでいるわけではない。筆者自身の憲法96条・その改正に関する考え方は、その制度とは大きく異なる）。

なお、その考え方に対しては、「民主主義国家なのに、憲法改正手続から憲法改正国民投票を除去してしまうなんてあり得ない！」と思う人もいるかもしれない。しかし、憲法改正手続に憲法改正国民投票がない民主主義国家はある。すなわち、憲法改正国民投票を経ずに、憲法改正がされる民主主義国家はある。

例えば、アメリカ・ドイツだ。(24) 両国とも代表的な民主主義国家だ。そして、実際、両国とも、憲法改正国民投票を経ずに憲法改正が複数回されている。

だから、「民主主義国家なのに、憲法改正手続から憲法改正国民投票を除去してしまうなんてあり得ない！」ということはない。それが望ましいか否かは別問題だが、民主主義国家で、それはあり得る。

そして、不思議なのは、そのような欠陥がある憲法改正手続（『日本国憲法改正草案』100条の憲法改正手続）を掲載した『日本国憲法改正草案（現行憲法対照）』『日本国憲法改正草案Q＆A増補版』に、憲法改正推進本部の最高顧問として安倍首相の名前があることだ。

「国民みんなが考えるべきことは、議員が判断することだ」という考え方に基づいて、原発国民投票を含め諮問型国民投票実施に否定的な答弁をした安倍首相は、「国民みんなが考えるべきことは、議員が判断することだ」「憲法改正は、議員が判断することだ」という考え方に基づいて、『日本国憲法改正草案』100条を批判しないのだろうか。

例えば、「『国民みんなが考えるべきことは、議員が判断することだ』。そして、憲法改正は、国民みんなが考えるべきことだ。だから、『憲法改正は、議員が判断することだ』。それなのに、憲法改正をするという最終判断を国民にさせてしまうなんて、『日本国憲法改正草案』100条の憲法改正手続は、議員の責任放棄の制度化を容認するとんでもない制度だ。『日本国憲法改正草案』100条の憲法改正手続は、議員が責任をもって憲法改正に関する判断をする制度とは程遠い。『日本国憲法改正草案』100条はとんでもない憲法改正の案なので、直ちに撤回するべきだ！（安倍首相答弁❶参照）」と批判しないのだろうか。最高顧問に名前を連ねている場合ではないと思うが。

「国民みんなが考えるべきことは、議員が判断することだ」「憲法改正は、議員が判断することだ」という考え方に基づくと、原発の稼働に関する意思を国民にただ示してもらうよりも（原発国民投票よりも）、憲法改正をするという最終判断を国民にさせてしまう方が（『日本国憲法改正草案』100条の方が）、議員の責任放棄に当たるといいやすく、問題が大きい。原発国民投票に関しては、それを実施しても、最終判断をするのは、あくまでも、議員だ。

安倍首相は、本当に、『日本国憲法改正草案』100条の憲法改正手続を許容できるのだろうか。議員の責任放棄に当たるといいやすい方は許容できるが、議員の責任放棄に当たるといいにくい方は許容できないというのは、おかしくないのだろうか。

ところで、安倍首相は、原発国民投票の実施に否定的な立場を示すためとはいえ、『日本国憲法改正草案』100条の憲法改正手続への批判につながる答弁をしてしまって良かったのだろうか。

後々、困ることになりかねないわけだが。

例えば、「『国民みんなが考えるべきことは、議員が判断することだ』。そして、憲法改正は、国民みんなが考えるべきことだ。だから、『憲法改正は、議員が判断することだ』。それなのに、憲法改正をするという最終判断を国民にさせてしまうなんて、『日本国憲法改正草案』100条の憲法改正手続は欠陥制度だ。『日本国憲法改正草案』100条の憲法改正手続は、議員が責任をもって憲法改正に関する判断をする制度とは程遠い。『日本国憲法改正草案』100条は撤回するべきだ！（安倍首相答弁❶参照）」と批判されたら、安倍首相はどうするのだろうか。

（7）議員にとって都合の悪い憲法改正は断固阻止！

なお、その批判に対して、次のように思う人もいるかもしれない。

「『憲法改正は、国民が判断することだ』という考え方に基づくと、憲法改正をするという最終判断を国民にさせることは問題ではない。そして、『国民みんなが考えるべきことは、議員が判断することだ』という考え方と『憲法改正は、国民が判断することだ』という考え方は両立する。憲法は、権力を制限することによって、自由を保障するためのものだ（立憲的意味の憲法。立憲的意味の憲法は、憲法を考える場合の出発点となる最も重要な観念だ。安倍首相も、憲法にそのような側面があることを認めている)[25]。わかりやすくいうと、憲法は、権力によって自由を侵害されてしまうおそれのある国民が、その自由を守るために、権力を縛るための道具だ。国民の道具である憲法の改正、すなわち、『【憲法改正】は、国民が判断することだ』。国民みんなが考えるべきことの中でも、憲法改正は例外だ」(なお、先程示した2014年2月3日の阪口衆議院議員・安倍首相の議論の中で、安倍首相は「国民みんなが考えるべきことは、議員が判断することだ。ただし、国民みんなが考えるべきことの中でも、憲法改正は例外だ。憲法改正は、国民が判断することだ」という趣旨の答弁はしていない)。

ただ、「憲法改正は、国民が判断することだ」という考え方に基づいても、『日本国憲法改正草案』100条の憲法改正手続には問題がある。

先程述べたように、『日本国憲法改正草案』100条の憲法改正手続は、「発案」→「発議」→「承認」→「公布」だ。『日本国憲法改正草案』100条の憲法改正手続では、憲法改正をするという最終判断を、憲法改正国民投票で国民がする。

ただ、『日本国憲法改正草案』100条の憲法改正手続では、憲法改正をしないという最終判断は、国民がすることもあるし、議員がすることもある。

例えば、議論の結果、全ての議員が憲法改正αをするべきだと判断し、国会が発議したが、国民が憲法改正αをするべきではないと判断し、国民投票で承認しなかったので、憲法改正αは実現しなかった。その場合、憲法改正をしないという最終判断は、国民がした。

また、例えば、憲法改正βをするための憲法改正原案が発案されたが、議論の結果、議員の大多数が憲法改正βをするべきではないと判断し、国会が発議しなかったので、憲法改正βは実現しなかった。その場合、憲法改正をしないという最終判断は、議員がした。国民には、国民投票という意思表示の機会すらなかった。すなわち、国民には、憲法改正βをするべきか否かについての判断を示す機会すらなかった。もちろん、国民が憲法改正βを望んでいても、そのようなことは起こり得る（つまり、『日本国憲法改正草案』100条の憲法改正手続は、議員が望まない憲法改正を議員が阻止できる制度になっている。例えば、国民が政治改革のために憲法改正γが必要だと考えていても、その憲法改正γが議員に不利益を及ぼすものであれば、「発議」の段階で、議員は憲法改正γを潰すことができる。もちろん、そもそも、憲法改正γのための憲法改正原案を「発案」しないこともできる。[26] 議員にとって都合の悪い憲法改正は、「発案」「発議」の段階で、議員が全て阻止できる。そのため、『日本国憲法改正草案』100条の憲法改正手続では、国民投票にかけられる憲法改正案が、議員にとって都合の良いものだけになる可能性が高い、すなわち、国民投票で、国民の意思表示の対象になるのは、そのようなものだけになる可能性が高い。安倍首相は、憲法に対する国民の意思表示の機会、憲法に対する意思表示をしたいという国民の気持ちを重視して、憲法96条改正をするべきという趣旨の主張をしているが、[27] 自由民主党『日本国憲法改正草案』100条の憲法改正手続はそんなものということだ。安倍首相は「議員にとって都合の悪い憲法改正に関しては、国民は意思表示を望んでいない。国民は、議員にとって都合の悪い憲法改正は望んでいない」とでも思っているのだろうか。仮にそう思っているなら、それは勘違いなので、『日本国憲法改正草案』100条は撤回した方が良い。また、仮にそう思っていないなら、なぜ、あえて、『日本国憲法改正草案』100条をそんなものにしてしまったのだろう）。

「憲法改正は、国民が判断することだ」という考え方に基づくと、憲法改正をしないという最終判断を議員がしてしまうこともある憲法改正手続には問題がある。その考え方に基づくと、憲法改正をするという最終判断も、憲法改正をしないという最終判断も、国民がするべきだ。

そのため、「憲法改正は、国民が判断することだ」という考え方に基づくと、『日本国憲法改正草案』100条の憲法改正手続には問題がある。

「憲法改正は、国民が判断することだ」という考え方に基づくと、自由民主党は、憲法96条改正をしたいのであれば、例えば、憲法改正手続を直接イニシアティブにすることを主張するべきだ（あくまでも、その考え方に基づくと、例えば、その制度にすることを主張するべきだ、といっているだけだ。そして、直接イニシアティブとは、特定数・特定率の国民の署名を得て国民が発案した憲法改正案をそのまま国民投票にかけ、国民投票で承認されたら憲法改正がされるという制度だ。アメリカのカリフォルニア州の憲法改正手続に、直接イニシアティブの前例がある）。

（8）どちらにしても問題がある『日本国憲法改正草案』100条

以上のように、「憲法改正は、議員が判断することだ」という考え方に基づいても、「憲法改正は、国民が判断することだ」という考え方に基づいても、『日本国憲法改正草案』100条の憲法改正手続には問題がある。

なお、もちろん、憲法改正の判断主体に関する考え方は、以上で述べたものに限られない。ただ、可能性がある全ての考え方をここで扱うのは困難だ。また、筆者が、自由民主党『日本国憲法改正草案』100条の憲法改正手続と、安倍首相答弁❶のつじつまを合わせる必要は全くない。それは、安倍首相答弁❶で判断主体に関する話を持ち出した安倍首相・自由民主党総裁がするべきことだ。安倍首相・自由民主党総裁がそれをできなければ、大問題だ。

ということで、この話はここで終わる。なお、安倍首相が、「国民みんなが考えるべきことは、議員が判断することだ」という考え方の例外を憲法改正に関して認めるのであれば、原発国民投票に関しても例外を認めて良いのではないか、という疑問が生じる。また、安倍首相が、「国民みんなが考えるべきことは、議員が判断することだ」という考え方の例外を憲法改正に関して認めるのであれば、理由が必要だ。理由なく例外を主張されても、話にならない。そして、その理由によっては、原発国民投票に関しても例外を認めるべきだ、ということになる。当然のことではあるが。

(9) 限界と革命

以上で、❶諮問型国民投票の実施には議員の責任放棄の危険性があるということを理由とする「原発国民投票を実施するべきではない！」という意見は合理的なのだろうか、ということについて考えた。

その意見は合理的ではない、というのが結論だ。その理由を簡単にまとめると、①その意見の出所である安倍首相答弁❶で、議員の責任放棄の危険性が高いことも、その合理的な根拠も示されていない、②通常、諮問型国民投票の実施は、議員の責任放棄になるどころか、議員がしっかりと責任を果たすことにつながる、③現在の状況をふまえると、原発国民投票実施は議員の責任放棄とはいえない、ということだ。

ところで、以上で、㋐「『憲法改正は、議員が判断することだ』という考え方に基づくと、自由民主党は、憲法96条改正をしたいのであれば、例えば、憲法改正手続から憲法改正国民投票を除去し、憲法改正に関する最終判断を議員がする憲法改正手続にすることを主張するべきだ」、㋑「『憲法改正は、国民が判断することだ』という考え方に基づくと、自由民主党は、憲法96条改正をしたいのであれば、例えば、憲法改正手続を直接イニシアティブにすることを主張するべきだ」と述べた。

ただ、そもそも、「憲法改正手続から憲法改正国民投票を除去したり、憲法改正手続を直接イニシアティブにしたりすることが、法的に可能なのか？」と思った人もいるかもしれない。

そこで、それに関して、簡単に述べる。

その疑問は、憲法改正の限界についての議論と関係する。

憲法改正の限界についての議論とは、いかなる内容の憲法改正ができるのか、という議論だ。例えば、国民主権を否定する内容の憲法改正ができるのか、という議論だ。

その議論に関する考え方としては、憲法改正限界論と憲法改正無限界論がある。

憲法改正限界論とは、憲法改正には法的な限界があるという考え方。

憲法改正無限界論とは、憲法改正に法的な限界はなく、いかなる内容の憲法改正もできるという考え方。

憲法改正限界論が、憲法学上の一般的な考え方だ。

そして、憲法改正無限界論によると、いかなる内容の憲法改正もできるのだから、憲法改正によって、憲法改正手続から憲法改正国民投票を除去したり、憲法改正手続を直接イニシアティブにしたりすることは可能だ。

では、憲法改正限界論によると、どうなるのだろうか。

憲法改正限界論といっても、憲法改正の限界を超えることを理由に、改正できないとする内容に関しては、様々な考え方がある。

だから、憲法改正限界論によっても、憲法改正の限界を超えない内容の改正だとされれば、憲法改正によって、憲法改正手続から憲法改正国民投票を除去したり、憲法改正手続を直接イニシアティブにしたりすることは可能だ。

問題は、憲法改正の限界を超える場合だ（なお、一般に、憲法改正手続から憲法改正国民投票を除去するのは、憲法改正の限界を超えるとされる）。

もちろん、憲法改正の限界を超える改正も、事実としては起こる可能性がある。

憲法改正の限界を超える改正が事実として起こった場合、その「改正」を、法的には改正と評価せず、法的な革命と評価することになる。天皇主権の大日本帝国憲法から国民主権の日本国憲法への改正も、法的な革命があったという考え方に基づいて説明されるのが憲法学上一般的だ（八月革命説[28]）。

そのため、憲法改正手続から憲法改正国民投票を除去したり、憲法改正手続を直接イニシアティブにしたりすることが、憲法改正の限界を超える内容の改正であるとされても、それは可能であり、法的な革命と評価される。

要するに、憲法改正限界論によっても、憲法改正無限界論によっても、憲法改正手続から憲法改正国民投票を除去したり、憲法改正手続を直接イニシアティブにしたりすることは、法的に可能だ。

法的に可能なのだから、望ましいと思うのであれば、実現を目指すべきだし、それを主張するべきだ。

もちろん、国民が賛成するか否かは、別問題だが。

例えば、憲法改正手続から憲法改正国民投票を除去する憲法改正案を国民投票にかけても、国民投票で承認されないだろう。なぜなら、その憲法改正案は、憲法に対する国民の意思表示の機会を剥奪するものなので、多くの国民はそれに賛成しないと考えられるからだ。なお、そのことをふまえて、「もしかして、安倍政権・自由民主党は、『国民みんなが考えるべきことは、議員が判断することだ』『憲法改正は、議員が判断することだ』という考え方に基づいて、憲法改正手続から憲法改正国民投票を除去する憲法改正をしたいのかな？憲法改正手続から憲法改正国民投票を除去すれば、国民投票承認要件をクリアする必要がなくなり、憲法改正をしやすくなるしね。でも、その憲法改正の案は、国民投票で承認されないと考えて、主張しないのかな？そんな憲法改正の案を主張していたら、国民から嫌われて選挙で不利になってしまうしね。『日本国憲法改正草案』100条は、妥協の産物なのかな？妥協の産物だから、欠陥制度になってしまっているのかな？」という疑問をもつ人もいるかもしれない。

4 不十分な知識・洞察力と原発国民投票

(1) 国民を信頼しない安倍首相

次に、❷エネルギー政策に関する国民の知識・洞察力は不十分だろうということを理由とする「原発国民投票を実施するべきではない！」という意見は、合理的なのだろうか。

先程述べたように、❷エネルギー政策に関する国民の知識・洞察力は不十分だろうということも、安倍首相が原発国民投票の実施に否定的な立場にたつ理由だ。いい方をかえると、安倍首相がエネルギー政策に関する国民の知識・洞察力を信頼していないことも、安倍首相が原発国民投票の実施に否定的な立場に立つ理由だ。

（2）2つの能力

安倍首相が、エネルギー政策に関する国民の知識・洞察力を信頼していないのは、驚くようなことではない。

先程述べたように、民主主義は、国民による政治の実現を理想とする。そして、その理想を実現するためには、直接民主制が望ましい。

ただ、近代国家の憲法は、代表民主制を基本としている。

日本国憲法も、代表民主制を基本としている（先程述べたように、憲法は、国政レベルの直接民主制の制度も規定しているが、あくまでも例外だ）。

近代国家の憲法が代表民主制を基本としている理由は、①規模が大きく、社会構造が複雑・多様で社会的分業の発達した国家では、全ての国民が一同に会して国政を審議・決定し、自ら統治を行うことが極めて困難だ、[29]②また、仮にそれが可能であっても、国民の全てに、自ら国政を判断・処理することができる時間的余裕・政治的素養があるか、という疑問がある、③そしてさらに、国民がそのような政治的素養をもっていなくても、国政を担当させるのにふさわしい人を選ぶ能力はもっている、ということだ。[30]

そこでは、国民の2つの能力が注目されている。㋐自ら国政を判断・処理することができる政治的素養、㋑国政を担当させるのにふさわしい人を選ぶ能力だ。能力㋐㋑を簡単にいうと、㋐国政を担当する素養（政策判断を行う素養）、㋑国政を担当させる人を選ぶ能力だ。そして、㋐国政を担当する素養をもっているということは、自ら国政を適切に判断・処理することができる、適切に政策判断を行うことができる、ということ。㋑国政を担当させる人を選ぶ能力をもっているということは、国政を担当させるのにふさわしい人を選ぶことができる、ということ。

そして、国民の能力に注目していうと、「国民が、㋐国政を担当する素養をもっているかには疑問があるが、㋐国政を担当する素養をもっていなくても、㋑国政を担当させる人を選ぶ能力はもっている」という考え方に基づいて、近代国家の憲法で代表民主制が基本とされているということだ。

つまり、近代国家の憲法が代表民主制を基本としている背景には、国民の㋐国政を担当する素養に対する不信がある。国民の㋐国政を担当する素養に対する不信を背景として、政治の専門家（議員）に政治活動を任せようというのが代表民主制だ。

だから、国民の㋐国政を担当する素養に対して、誰かが不信感をもつのは、特に不思議なことではない。

そのため、安倍首相が、エネルギー政策に関する国民の知識・洞察力を信頼していないのは、驚くようなことではない。なぜなら、それは、エネルギー政策に関して、安倍首相が、国民の㋐国政を担当する素養を信頼していないということだからだ。

仮に、安倍首相が、エネルギー政策に限らず国政一般に関して、国民の知識・洞察力を信頼していなくても、驚くようなことではない。近代国家の憲法が代表民主制を基本としている背景に沿った考え方をしているに過ぎない。

そして、近代国家の憲法が代表民主制を基本としている背景には、国民の㋐国政を担当する素養に対する不信があるということをふまえると、「原発国民投票を実施するべきではない！」という意見が合理的とも思える。簡単にいうと、「国民は、㋐国政を担当する素養を十分もっていないだろう」→「国民は、エネルギー政策に関して、㋐国政を担当する素養を十分もっていないだろう」→「原発国民投票を実施しても、原発の建設・稼働に関して、国民は適切に判断できないだろう」→「原発国民投票の不適切な結果が国政に及ぼす悪影響を考慮すると、『原発国民投票を実施するべきではない！』」ということだ。近代国家の憲法が代表民主制を基本としている理由（直接民主制に対する批判）に基づいた考え方なので、結論がそうなるのは不思議ではない。

（3）自由民主党『日本国憲法改正草案』の欠陥②

以上で、国民の㋐国政を担当する素養に対する不信について話をしてきた。

その話をふまえ、気になることがある。

そこで、それに関して述べる「「（3）自由民主党『日本国憲法改正草案』の欠陥②」では、国民の㋐国政を担当する素養に対する不信に基づいて、すなわち、国民は㋐国政を担当する素養を十分もっていないだろうという考え方に基づいて話を進める。先程述べたように、近代国家の憲法が代表民主制を基本としている背景には、国民の㋐国政を担当する素養に対する不信がある。だから、それに基づいて考えることは、特に不思議なことではない」。

そして、述べるにあたって、憲法96条、自由民主党『日本国憲法改正草案』100条を再掲する。

憲法96条

1項　この憲法の改正は、各議院の総議員の三分の二以上の賛成で、国会が、これを発議し、国民に提案してその承認を経なければならない。この承認には、特別の国民投票又は国会の定める選挙の際行はれる投票において、その過半数の賛成を必要とする。

2項　憲法改正について前項の承認を経たときは、天皇は、国民の名で、この憲法と一体を成すものとして、直ちにこれを公布する。

『日本国憲法改正草案』100条

1項　この憲法の改正は、衆議院又は参議院の議員の発議により、両議院のそれぞれの総議員の過半数の賛成で国会が議決し、国民に提案してその承認を得なければならない。この承認には、法律の定めるところにより行われる国民の投票において有効投票の過半数の賛成を必要とする。

2項　憲法改正について前項の承認を経たときは、天皇は、直ちに憲法改正を公布する。

先程述べたように、憲法96条の憲法改正手続も、『日本国憲法改正草案』100条の憲法改正手続も、「発案」→「発議」→「承認」→「公布」だ。具体的にいうと、①憲法改正原案が「発案」され、②それに関する審議を経て、国会が憲法改正案を「発議」し、③その憲法改正案が国民投票にかけられ、国民投票で憲法改正について「承認」された場合、④天皇が直ちに憲法改正の「公布」をする、というのが憲法改正の流れだ。

そして、憲法96条の憲法改正手続では、国会が発議するために、各議院の総議員の3分の2以上の賛成が必要だ。つまり、国会発議要件（国会が発議するための要件）は、各議院の総議員の３分の２以上の賛成だ。

また、『日本国憲法改正草案』100条の憲法改正手続では、国会発議要件は、各議院の総議員の過半数の賛成だ。

つまり、自由民主党は、憲法96条改正をして、国会発議要件を緩和すること、具体的にいうと、国会発議要件を「各議院の総議員の３分の２以上の賛成」から「各議院の総議員の過半数の賛成」にすることを主張している（以下、本書では、憲法96条改正をして、国会発議要件を「各議院の総議員の３分の２以上の賛成」から「各議院の総議員の過半数の賛成」にするという考え方を「憲法96条改正論」という）。

憲法96条改正論に基づく憲法改正をすると、当然、国会発議要件をクリアしやすくなる。なぜなら、国会発議要件をクリアするために、「各議院の総議員の３分の２以上の賛成」を得る必要はなくなり、「各議院の総議員の過半数の賛成」を得れば足りるようになるからだ。

国会発議要件をクリアすると、発議された憲法改正案が国民投票にかけられる、すなわち、憲法改正国民投票が実施される。そして、憲法改正国民投票を実施するということは、国民が憲法改正をするか否かの政策判断を行うということだ。

そのため、憲法96条改正論に基づく憲法改正をすると、憲法改正国民投票で、国民が憲法改正をするか否かの政策判断を行う可能性が高くなる。

ただ、先程述べたように、近代国家の憲法が代表民主制を基本としている背景には、国民の㋐国政を担当する素養に対する不信がある。

そして、国民の㋐国政を担当する素養に対する不信に基づくと、すなわち、国民は㋐国政を担当する素養を十分もっていないだろうという考え方に基づくと、憲法96条改正論・『日本国憲法改正草案』100条には問題がある。

先程述べたように、憲法96条改正論に基づく憲法改正をすると、憲法改正国民投票で、国民が憲法改正をするか否かの政策判断を行う可能性が高くなる。そのため、国民の㋐国政を担当する素養に対する不信に基づくと、憲法96条改正論とは、㋐国政を担当する素養を十分もっていないだろう国民に、憲法改正をするか否かの政策判断をどんどんさせようという考え方だといえる。

近代国家の憲法が代表民主制を基本としている背景には、国民の㋐国政を担当する素養に対する不信がある。つまり、国民の㋐国政を担当する素養に対する不信を背景として、政治の専門家（議員）に政治活動を任せようというのが代表民主制だ。その議員が、国会発議要件を緩和して、国民に政策判断をどんどんさせようというのは、問題だといえる。「何のための代表民主制だと思っているんだ？」という疑問も生じる。

以上のように、国民の㋐国政を担当する素養に対する不信に基づくと、憲法96条改正論・『日本国憲法改正草案』100条には問題がある。

国民は㋐国政を担当する素養を十分もっていないだろうという考え方からは、（i）憲法改正手続から憲法改正国民投票を除去し、国民を憲法改正に関わらせないようにするという憲法改正の案や、（ii）国会発議要件を厳格化し、国民に憲法改正案を示す前に、国会で慎重に議論し、多くの議員が賛成できる憲法改正案を作成する制度にするという憲法改正の案や、（iii）厳格な国会発議要件を維持し、国民に憲法改正案を示す前に、国会で慎重に議論し、多くの議員が賛成できる憲法改正案を作成する制度にしておくという案、すなわち、国会発議要件に関する憲法改正はしないという案が導かれる。そしてもちろん、それらの案の目的は、憲法改正の適切性を担保することだ（あくまでも、その考え方から、それらの案が導かれる、という話だ。他の観点からの話は、ここでは全くしていない）。

いい方をかえると、(i)は、㋐国政を担当する素養を十分もっていないだろう国民を、憲法改正をするか否かの政策判断から排除する案、(ii)は、㋐国政を担当する素養を十分もっていないだろう国民を、憲法改正をするか否かの政策判断から遠ざける案、(iii)は、㋐国政を担当する素養を十分もっていないだろう国民を、憲法改正をするか否かの政策判断から遠ざけておく案だ。先程述べたように、それらの案の目的は、憲法改正の適切性を担保することだ［例えば、「政策αを実行することが必要だが、それを実行するためには憲法改正βが必要だという場合。憲法改正βをするための憲法改正案が国民投票にかけられたが、㋐国政を担当する素養を国民が十分もっていないことを原因として、国民投票で承認されず、憲法改正βは実現しなかった。その結果、政策αを実行することができないままになり、国益が損なわれてしまった」というような事態が生じるのを防ぐために、憲法改正をするか否かの政策判断から国民を排除するというのが、(i)だ。また、例えば、「憲法改正γは、不適切な憲法改正だ。それにもかかわらず、国会で十分に審議されないまま、与党の賛成によって発議され、憲法改正γをするための憲法改正案が国民投票にかけられた。そして、㋐国政を担当する素養を国民が十分もっていないことを原因として、国民投票で承認され、憲法改正γが実現してしまった」というような事態が生じるのを防ぐために、憲法改正をするか否かの政策判断から国民を遠ざける、遠ざけておくというのが、(ii)(iii)だ］。

原発国民投票に関する安倍首相の考え方は、案（i）と親和的だ。安倍首相は、エネルギー政策に関して、国民の㋐国政を担当する素養を信頼していないので、原発国民投票実施に否定的な立場にたち、エネルギー政策に関する政策決定から国民を排除しておこうとしている。

しかも、安倍首相は、諮問型国民投票である原発国民投票に関してですら、そのような考え方をしている。諮問型国民投票は、結果に法的拘束力がない。だから、仮に、原発国民投票の結果が政策の適切性の観点から不適切なものになったとしても、最終的に政策を決定する際に、より適切なものに修正することができる。それにもかかわらず、安倍首相は、原発国民投票に関してですら、そのような考え方をしている。

それに対し、憲法改正国民投票に関しては、その結果で、憲法改正をするか否かが決定される。国民投票で承認されれば憲法改正がされるし、承認されなければ憲法改正はされない、仮にその結果が不適切でもだ。国民投票で承認されたが、その結果は不適切なので、国会の判断によって憲法改正をしないとか、国民投票で承認されなかったが、その結果は不適切なので、国会の判断によって憲法改正をする、ということはできない。もちろん、不適切な憲法改正δが国民投票で承認された場合に、憲法改正手続を経ないで、憲法改正δを修正した憲法改正εをするということもできない。

そのため、政策の適切性を担保するという観点からは、憲法改正国民投票の方が、諮問型国民投票である原発国民投票よりも、㋐国政を担当する素養を十分もっていない者を排除する必要性が高い。㋐国政を担当する素養を十分もっていない者に政策を決定させる方が（憲法改正国民投票の方が）、そのような者にただ意思を示させるよりも（原発国民投票よりも）、はるかに、政策の適切性が害される可能性が高い。

安倍首相は、㋐国政を担当する素養を十分もっていない者を排除する必要性がより低い原発国民投票に関してですら、先程示したような考え方をしている。

原発国民投票に関する安倍首相のその考え方に沿うと、憲法改正国民投票に関して、㋐国政を担当する素養を十分もっていない者を排除する必要性は高い。原発国民投票に関する安倍首相のその考え方に沿うと、㋐国政を担当する素養を十分もっていないだろう国民に、憲法改正をするか否かの政策判断をどんどんさせようという考え方には問題がある。

だから、国民の㋐国政を担当する素養に対する不信に基づくと、やはり、憲法96条改正論・『日本国憲法改正草案』100条には問題がある。

（4）国民を信頼する安倍首相と自由民主党『日本国憲法改正草案』の欠陥③

では、なぜ、安倍首相は、憲法96条改正論・『日本国憲法改正草案』100条を肯定する立場にたっているのだろうか。理由は、次のとおりだ。

安倍首相は、憲法改正に関して、国民の見識を信頼するという立場にたっている。

安倍首相は、憲法改正に関しては、国民の見識を信頼するという立場にたっているのだ。

例えば、2013年、憲法96条改正論・『日本国憲法改正草案』100条に関して、安倍首相は次の発言をした、「国民の見識を信じ、（国民投票で）2分の1の国民が賛成するものは変えていく。同時に国民にも、憲法改正に関わっていくことに責任が発生する。改正することで初めて、憲法を自分自身のものとして国民に感じてもらえ、国民の手に取り戻せる」［産経新聞HP「【安倍首相・憲法インタビュー】一問一答」］

［なお、その発言の「改正することで初めて、憲法を自分自身のものとして国民に感じてもらえ、国民の手に取り戻せる」という部分に対して、次のように思う人もいるかもしれない。①「今も、憲法を自分自身のものと感じているけど……」、②「今も、憲法は国民の手の中にあるけど……誰の手の中にあると思っているの？」、③「改正しなくても、国民は憲法を自分自身のものと感じられるよ。例えば、国会が発議した国民にとって望ましくない憲法改正案を国民投票で承認しないことによって、国民はそのように感じられる。なぜなら、そのときは、国民にとって望ましくない憲法改正から、国民の手で憲法を守ったことになるからね」、④「『改正することで初めて、憲法を自分自身のものとして国民に感じてもらえ、国民の手に取り戻せる』と思っているんだね。それなのに、自由民主党は憲法改正原案を発案しないのだね。自由民主党は、憲法を国民の手に取り戻したくないの？ 発案しなかったら、憲法改正できるわけない。憲法改正でしなければならないとされてきた集団的自衛権行使容認の方法も、憲法改正ではなく、政府の憲法解釈変更を選択したしね。憲法を国民の手に取り戻したくない政党も、自由民主党と同じことをするだろうね。酷いね」。なお、④に関し、自由民主党所属議員からは、集団的自衛権行使容認について、「総理がこんな大事なテーマを憲法改正ではなく、解釈の変更で進めるというのは、実は憲法改正をやりたくないということなのか？」という声が出ていた（ＴＢＳ ＨＰ「自民・岸田派幹部が会合 集団的自衛権で慎重論続出」）。また、安倍首相のその発言に対して、「憲法改正に関しては、国民の見識を信じるんだね。だったら、原発稼働禁止の憲法改正案を、まず、国民投票にかけてよ。憲法改正国民投票として、原発国民投票を実施しようよ。安倍首相が見識を信頼する国民が、しっかりと判断するよ」と思う人もいるかもしれない］。

憲法改正に関して国民の見識を信頼するという立場にたてば、憲法改正をするか否かの政策判断を国民にどんどんさせるということも理解できる。国民投票で、国民が適切な判断をしてくれるだろう。すなわち、適切な憲法改正案を国民投票にかければ、承認されるだろうし、逆に、不適切な憲法改正案を国民投票にかければ、承認されないだろう。憲法改正に関して国民の見識を信頼するという立場にたつと、憲法改正の適切性を担保するために、憲法改正をするか否かの政策判断から、国民を排除したり、遠ざけたり、遠ざけておいたりする必要はない。

ただ、安倍首相が、憲法改正に関して国民の見識を信頼するという立場にたち、憲法96条改正をしたいのであれば、例えば、憲法改正手続を直接イニシアティブにして、憲法改正を国民の手に委ねることを主張するべきだ（先程述べたように、直接イニシアティブとは、特定数・特定率の国民の署名を得て国民が発案した憲法改正案をそのまま国民投票にかけ、国民投票で承認されたら憲法改正がされるという制度だ）。その立場にたつと、憲法改正に議員が介入することを認める『日本国憲法改正草案』100条には問題がある。例えば、「安倍首相が憲法改正に関して見識を信頼する国民が、政治改革のために憲法改正αが必要だと考えている。ただ、議員は憲法改正αによって不利益を受けてしまう。そのため、議員が、『発案』『発議』の段階で、憲法改正αを阻止してしまった」ということが、『日本国憲法改正草案』100条の憲法改正手続では生じてしまう。

安倍首相が憲法改正に関して国民の見識を信頼するという立場にたつにもかかわらず、『日本国憲法改正草案』100条を肯定する立場にたっていると、「本当は、憲法改正に関して、国民の見識を信頼していないの？　嘘吐いた？　国民の見識を信頼していないから、憲法改正に議員を関与させ、不適切な憲法改正がされないようにしておきたいの？」「国民の見識を信頼するのに、なぜ憲法改正を国民の手に委ねないの？

なぜ憲法改正に議員を介入させたいの？ 議員に不利益が及ぶ憲法改正を阻止するために、憲法改正に議員が介入する憲法改正手続にしておきたいの？ 既得権益維持希望？ 国民投票にかける憲法改正案を議員が検閲するようなことは止めてもらえませんか？」という疑念・思いを国民に持たれることになってしまう。

そんなことを安倍首相は望んでいないだろう。

憲法改正に関して国民の見識を信頼するのであれば、潔く、憲法改正を国民の手に委ねるべきだ。

それが、信頼の証だ。

（5）日本の選択肢とオーストリア・イタリア原発国民投票

さて、以上で、国民を信頼するか否かに関する安倍首相の立場を2つ示した。

それらの立場に関する答弁・発言を2つ再掲する。

まず、エネルギー政策に関して、安倍首相は「エネルギー政策については、これは当然、ある程度専門的な知識も必要でありますし、深い洞察も必要なんだろう、こう思うわけでありまして、我々の政権としては、私たちの政権において責任あるエネルギーミックスを構築していくべく、ベストを尽くしていきたいと考えております」と答弁した（安倍首相答弁❷）。先程述べたように、エネルギー政策に関して、安倍首相は国民の知識・洞察力を信頼しないという立場にたっている（立場①）。なお、仮に、エネルギー政策に関して、安倍首相が国民の知識・洞察力を信頼するという立場にたっているとすると、国民の中に次の疑問が生じかねない、「安倍首相がその知識・洞察力を信頼する国民の多くが原発再稼働に反対している中、安倍政権が原発再稼働に向けて突き進んでいるのはいったいどういうことなんだ？ 原発再稼働に関して、何か特別な事情があるの？ 何か特別な利害関係でもあるの？ 原子力村の村長さんが、安倍政権なんていうことはないですよね？」。

また、憲法改正に関して、安倍首相は「国民の見識を信じ、（国民投票で）2分の1の国民が賛成するものは変えていく。同時に国民にも、憲法改正に関わっていくことに責任が発生する。改正することで初めて、憲法を自分自身のものとして国民に感じてもらえ、国民の手に取り戻せる」と発言した。つまり、憲法改正に関して、安倍首相は国民の見識を信頼するという立場にたっている（立場②）。

そして、国民を信頼するか否かに関する安倍首相の立場を示す答弁は、他にもある。

具体的にいうと、憲法改正に関して、2013年5月14日、第183回国会参議院予算委員会で、安倍首相は「国民投票になればこれは必ず成立するとは限らないわけでございまして、事実、九十六条についても反対の方の意見の方が今多いのも事実であります。たとえ今三分の二でこれを国民投票に付したところでこれは否決されるわけでありまして、これこそまさに私は民主主義なんだろうと思うわけでありますし、つまりその中において私たちも国民の意思を尊重するべきだろうと。国民が自分の意思表示をしたいという気持ちも尊重するべきだろうし、『国民の意思を私たちはある意味信頼するのも当然私たちのよって立つべき立場』ではないかと、こう思うわけでございます」と答弁した（以下、その答弁を「安倍首相答弁❸」とする。『』は筆者が付けた）。つまり、憲法改正に関して、安倍首相は国民の意思を信頼するという立場にたっている（立場③）。

ここで、疑問が生じる。

「エネルギー政策に関係する憲法改正の際、安倍首相は、国民を信頼するのだろうか？」。

例えば、原発保有禁止の憲法改正・原発稼働禁止の憲法改正が目指され、そのための憲法改正案が憲法改正国民投票にかけられる可能性はある。そのような憲法改正は、エネルギー政策に関係する憲法改正だ［なお、原発・憲法に関しては、2011年、次の報道がされている、「憲法にも脱原発が明記されているオーストリアは、ヨーロッパ全域で原発を廃止するよう呼び掛けています」（NHK HP「時論公論『欧州加速する脱原発』」）。ちなみに、オーストリアでは、1978年、原発の運転開始の是非に関する原発国民投票が実施された。結果は、賛成49・54％、反対50・46％だった。その後、オーストリアは非核政策を推進することになる。原発保有禁止・原発稼働禁止を憲法に明記したうえで、世界に脱原発を提言する国になるという選択肢も、日本にはある。唯一の戦争被爆国である日本、福島原発事故を起こした日本が、そのような選択肢を選んでも、驚かないという人は少なからずいるだろう］。

だから、そのような疑問が生じるのは当然だ。

そして、立場①からは、「エネルギー政策」に関係する憲法改正の際、安倍首相は国民の知識・洞察力を信頼しない、ということが導かれる。立場②からは、エネルギー政策に関係する「憲法改正」の際、安倍首相は国民の見識を信頼する、ということが導かれる。立場③からは、エネルギー政策に関係する「憲法改正」の際、安倍首相は国民の意思を信頼する、ということが導かれる。

立場①②③から導かれることをまとめると、エネルギー政策に関係する憲法改正の際、安倍首相は国民の知識・洞察力は信頼しないが見識・意思は信頼する、ということになる。「知識・洞察力」と「見識・意思」は言葉自体は違う、しかし、それらの言葉の意味をふまえると、「国民の『知識・洞察力は信頼しない』が『見識・意思は信頼する』」というのはおかしい。ある者の知識・洞察力を信頼していなければ、その見識・意思も信頼できないはずだ。

もちろん、「憲法改正の際、国民は、様々な意見を聞き、その上でよく考えるので、国民の知識・洞察力はレベルアップする。だから、エネルギー政策に関係する憲法改正の際、安倍首相は、国民の知識・洞察力を信頼し、国民の見識・意思も信頼する。安倍首相答弁❷は憲法改正に関する議論の中でされたものではなく、そのため、立場①は憲法改正に関するものではない」と思う人もいるだろう。

ただ、先程述べたように、諮問型国民投票は、㋐議員・政府が、国政上の重要問題に関する自らの政策を国民に説明する機会になり、しかも、㋑国民が、国政上の重要問題に関する様々な意見を聞いたうえで、考え、議論する機会になる。

そのため、憲法改正の際、そのような理由で、国民の知識・洞察力がレベルアップするなら、原発国民投票の際も、それらをレベルアップさせられるはずだ（原発国民投票は、憲法改正国民投票と同様の手続で行うことが可能だ。だから、原発国民投票を憲法改正国民投票と同様の手続で行う制度にすれば良い）。

だから、そのような理由で、「エネルギー政策に関係する憲法改正の際、安倍首相は国民の知識・洞察力・見識・意思を信頼する」というのであれば、「原発国民投票の際、安倍首相は国民の知識・洞察力・見識・意思を信頼する」といえるはずだ（例えば、原発稼働禁止の憲法改正の際には、国民の知識・洞察力・見識・意思を信頼し、原発の稼働の是非を争点にした原発国民投票の際には、国民の知識・洞察力・見識・意思を信頼しないというのは、おかしい。両者とも、原発の稼働の是非が争点になっている）。

そして、「原発国民投票の際、国民の知識・洞察力・見識・意思を信頼する」という立場にたつと、❷エネルギー政策に関する国民の知識・洞察力は不十分だろうということを理由とする「原発国民投票を実施するべきではない！」という意見は合理的ではない。

以上のことをふまえると、様々な疑問・思いが生じる。

「もしかして、安倍首相は、国民を信頼するか否かに関する立場を、そのときの都合に合わせて表明していたのか？　だから、立場①②③にたって、エネルギー政策に関係する憲法改正に関して考えると、おかしな点が見つかるのか？　安倍首相は、国民を信頼するか否かを明確にするべきだ。そして、信頼する場合と信頼しない場合があるなら、その基準を明確にするべきだ」。

「安倍政権は原発再稼働を実現したい。原発国民投票を実施して、それに反対する結果（民意）が示されると、その実現が困難になってしまう。しかも、現在、法的には、それを実現するために、原発国民投票を実施する必要はない。だから、原発国民投票実施を拒否するために、エネルギー政策に関して、安倍首相は国民の知識・洞察力を信頼しないという立場にたつのだろうか（立場①）？　他方、安倍政権は、憲法96条改正論に基づく憲法改正を実現したい。憲法改正に関して、国民の見識を信頼するという立場にたたないと、すなわち、国民の見識を信頼しないという立場にたってしまうと、『その見識を信頼していない国民に、憲法改正をするか否かの政策判断をどんどんさせようとするのは、おかしい！』と批判されてしまい、その憲法改正が困難になってしまう。そこで、その憲法改正を実現するために、憲法改正に関して、安倍首相は国民の見識を信頼するという立場にたつのだろうか（立場②）？　仮に、現在、日本において、憲法改正手続に憲法改正国民投票がなかったら、憲法改正手続に憲法改正国民投票を導入するべきという声に、安倍首相はどのように答えていたのだろう。『憲法改正については、当然、ある程度専門的な知識も必要でありますし、深い洞察も必要なんだろう（安倍首相答弁❷参照）』と答弁し、憲法改正国民投票導入を拒否していたのかな？　憲法改正国民投票を憲法改正手続に導入すると、国民投票承認要件をクリアしなければならなくなり、自らが望む憲法改正を実現しにくくなってしまうからね」[31]。

「安倍首相は『エネルギー政策については、これは当然、ある程度専門的な知識も必要でありますし、深い洞察も必要なんだろう（安倍首相答弁❷参照）』として、エネルギー政策に関し、国民の知識・洞察力を信頼しない、という立場にたっている（立場①）。ただ、例えば、安全保障政策についても、同様のことがいえる。すなわち、安全保障政策についても、『ある程度専門的な知識も必要でありますし、深い洞察も必要なんだろう』といえる。それにもかかわらず、なぜ、憲法9条改正という安全保障政策と関連する憲法改正に関して、安倍首相は国民の見識を信頼するという立場にたてるのだろう。エネルギー政策に関しては、国民は専門的知識・深い洞察力をもっていないが、安全保障政策に関しては、それらをもっていると思っているのかな（仮にそう思っているなら、なぜ、先程示したような世論の状況で、集団的自衛権行使容認をしたのか、という疑問は当然生じる）？　それとも、もしかして、安倍政権の安全保障政策は、浅い知識で場当たり的に決定しているから、専門的知識も深い洞察も不要ということかな？」。

「どうして、安倍首相は、原発国民投票・エネルギー政策に関しては、『私たちも国民の意思を尊重するべきだろうと。国民が自分の意思表示をしたいという気持ちも尊重するべきだろうし、国民の意思を私たちはある意味信頼するのも当然私たちのよって立つべき立場ではないかと、こう思うわけでございます（安倍首相答弁❸参照）』といえないの？　憲法改正に関して、『国民の意思を私たちはある意味信頼するのも当然私たちのよって立つべき立場（安倍首相答弁❸参照）』とまでいうのなら、エネルギー政策に関しても、国民の意思を信頼したうえで、原発国民投票を実施して、その結果に沿った政治を実行すれば良いのに」。

「エネルギー政策に関して、安倍首相は国民の知識・洞察力を信頼しないという立場にたっている（立場①）。また、憲法改正に関して、安倍首相は国民の見識・意思を信頼するという立場にたっている（立場②③）。しかし、安倍首相は、その客観的な根拠を示していない。つまり、例えば、『調査の結果、基準Aをみたしていないので、エネルギー政策に関して、国民の知識・洞察力を信頼しない』とはいっていない、また、『調査の結果、基準Bをみたすので、憲法改正に関して、国民の見識・意思を信頼する』ともいっていない。そのうえ、憲法改正に関して、安倍首相は『国民の意思を私たちはある意味信頼するのも当然私たちのよって【立つべき立場】ではないかと、こう【思う】わけでございます』と答弁している（安倍首相答弁❸参照。【】は筆者がつけた）。その答弁をふまえると、安倍首相の『べき論』や、安倍首相が『思う』というだけで、信頼するか否かが決定されているようにも見える。その程度のことだから、立場①②③にたって、エネルギー政策に関係する憲法改正に関して考えると、おかしな点が見つかるのか？ そして、その程度の話なら、原発国民投票・エネルギー政策に関しても、国民の知識を信頼する『べき』、国民の洞察力を信頼する『べき』、といって、原発国民投票を実施すれば良いだけの話では？ 要するに、原発国民投票に関しては、国民の知識・洞察力を信頼するという立場にたちたくないだけでは？」。

以上のことをふまえると、安倍首相答弁❷に関しては、❷エネルギー政策に関する国民の知識・洞察力は不十分だろうということを理由とする「原発国民投票を実施するべきではない！」という意見は合理的ではない。

そして、先程述べたように、❶諮問型国民投票の実施には議員の責任放棄の危険性があるということを理由とする「原発国民投票を実施するべきではない！」という意見は合理的ではない。また、先程示した

２０１４年2月3日の阪口衆議院議員・安倍首相の議論をふまえると、安倍首相が原発国民投票の実施に否定的な立場にたつ理由は、❶諮問型国民投票の実施には議員の責任放棄の危険性がある、❷エネルギー政策に関する国民の知識・洞察力は不十分だろう、ということだ。要するに、理由❶❷に基づいて、「原発国民投票を実施するべきではない！」ということだ。

安倍首相の理由❶に基づく「原発国民投票を実施するべきではない！」という意見も、理由❷に基づく「原発国民投票を実施するべきではない！」という意見も、合理的ではない。

安倍首相は、合理的ではない主張をして、原発国民投票実施を拒否するべきではない。だから、安倍政権は、原発再稼働を諦めないなら、速やかに、原発国民投票を実施するべきだ。

自分の都合によって、国民の知識・洞察力・見識・意思を信頼したり疑ったりするというのは許されない。もちろん、自分の都合によって、意思表示をしたいという国民の気持ちを尊重したり無視したりするというのも許されない。

そして、先程述べたように、原発国民投票は、国民が原発再稼働を阻止する手段になる。そのため、安倍政権が原発国民投票を実施しないということは、原発再稼働を阻止する手段を国民に認めないということだ。

また、先程述べたように、憲法改正国民投票は、国会が発議した憲法改正案に基づく憲法改正を、国民が阻止する手段になる。そして、従来の政府の考え方は、「集団的自衛権行使を容認する場合は、憲法改正でしなければならない」というものだ。つまり、従来の政府の考え方に基づくと、集団的自衛権行使容認にあたっては、国民は、それを阻止する手段をもっていた。それにもかかわらず、安倍政権は、集団的自衛権行使容認の方法として、政府の憲法解釈変更を選択した。政府の憲法解釈変更にあたっては、憲法改正国民投票はない。要するに、安倍政権は、集団的自衛権行使容認に関して、それを阻止する手段を国民から剥奪する選択をした。

安倍政権は、ある政策の実行を阻止する手段を国民に認めず、それを国民に押し付けるのが好きなのかもしれないが、それこそが安倍政権のブレない政治手法なのかもしれないが、主権者は国民なのだから、それは問題だ。

ちなみに、2011年6月12日・13日、イタリアで、原発再開の是非を争点とする原発国民投票が実施された。

ベルルスコーニ政権（当時）は、原発再開計画凍結法による原発国民投票実施の回避や低投票率による投票不成立を狙ったが、失敗し、原発国民投票は実施され、成立した。

そして、その結果は、原発再開反対が94.05％だった（イタリアのその原発国民投票の背景には、福島原発事故によって生じた反原発世論があった。また、イタリアでは、1987年にも原発国民投票が実施されており、その際も、脱原発が多数派だった）。

2011年6月14日、自由民主党の石原伸晃幹事長（当時）が、その原発国民投票に関して、「あれだけ大きなアクシデントがあったので、集団ヒステリー状態になるのはわかります」と発言し、物議を醸したので、その原発国民投票のことを知っている人も多いだろう〔朝日新聞ＨＰ「反原発は『集団ヒステリー』自民・石原幹事長」参照〕。

以上のことをふまえて、次のように思う人もいるかもしれない、「福島原発事故が発生した日本で、原発国民投票が実施されないのはおかしい。国民に意思表示の機会があるべきだ」「安倍政権は、日本で原発国民投票を実施した場合に、イタリアと同様の結果が示されることを恐れて、原発国民投票を実施しないのだろうか？　安倍政権は原発国民投票・原発に関する国民の意思から逃げ回っているのだろうか？」「ベルルスコーニ政権（当時）は、原発国民投票嫌いが安倍政権と似ていたんだね」。

（６）官僚・議員・国民の能力

ところで、近年、官僚主導の政治が問題視され、政治家主導の政治への転換が声高に唱えられた。特に、自由民主党を中心とする政権から、民主党を中心とする政権への政権交代が起こった２００９年、その翌年の２０１０年、それが注目された。

官僚主導の政治の背景には、議員の専門的能力の不十分さがある。

行政が複雑化・専門化した結果、議員の専門的能力は不十分になってしまった。議員は、行政の複雑化・専門化についていけなかったということだ。

そして、議員の専門的能力の不十分さを原因として、立法府の機能が低下し、それを補っているのが行政府であり、官僚主導の政治につながる。

わかりやすくいうと、専門家＝行政府、素人＝立法府、になってしまったということだ。

日本だけがそうなっているわけではない。

多くの国で、そのような現象が生じている。

専門的能力の高さによって議員が選ばれるわけではないし、残念ながら、議員に選ばれたら専門的能力が高くなるということもない。だから、行政が複雑化・専門化した結果、そのようになってしまうのは、想定の範囲内といえる。そして、今後も、行政は複雑化・専門化するので、そのような状況がますます進むと考えられる。

先程述べたように、国民の㋐国政を担当する素養に対する不信を背景として、政治の専門家（議員）に政治活動を任せようというのが代表民主制だ。

ところが、議員も、行政の複雑化・専門化に対応するのが困難になってしまっている。

A・Bが十分な専門的能力をもち、Cがそれを不十分にしかもっていない場合、BがCに「Cは専門的能力が不十分なのだから、私に任せておけ！」と主張したら、Cは「そうだね。よろしくね！」と納得しやすい。Bのその主張には、説得力がある。

ただ、Aのみが十分な専門的能力をもち、B・Cがそれを不十分にしかもっていない場合、BがCに「Cは専門的能力が不十分なのだから、私に任せておけ！」と主張したら、Cは「おいおい、専門的能力が不十分なのはBもだよね……Bに任せるのは不安だよ」と思う。Cは納得しにくい。Bのその主張は、説得力に欠ける。

Aが官僚、Bが議員、Cが国民だ。そして、現在の状況は後者だ。

以上のことをふまえると、❷エネルギー政策に関する国民の知識・洞察力は不十分だろうということを理由とする「原発国民投票を実施するべきではない！」という意見は、合理的とはいいにくい。

なお、以上では、専門的能力に着目して話をしてきたが、そもそも、「私に任せておけ！」とBにいわれても、Bが責任をとらない人間なら、CはBに任せたくないだろう、特に、重要事項に関しては。

福島原発事故・その被害が、ただの天災によるものだと思っている人はあまりいないと思うが、責任をとった議員が1人もいないように見えるのは気のせいだろうか。

原発を推進してきた自由民主党・その政権が、福島原発事故後、国民の多くが原発再稼働に反対している中、「安全」を強調して原発再稼働に突き進んでいる。その上、福島原発事故を背景として、原発国民投票を実施している国がある中、原発国民投票実施に否定的な立場にたち、原発に関する意思表示の機会を国民に与えることすらしない。

これはどういうことだろうか。

これで良いのだろうか。

(7) 世論操作の危険

また、国民投票に関しては、世論操作の危険が指摘されている。

そこで、それについて述べる。

世論操作の危険は、国民の分析能力の欠如・情報不足等を原因に生じる。(32)

そして、政府・政党・議員には、世論操作する動機がある。

議員の目標は、再選・昇進だけではない、政策の実現もだ。

また、政党は、政治上の主義・主張の推進・実現を目的とする団体だ。

そしてもちろん、政府も、政策の実現を目指している。

そのため、政府・政党・議員が、自らの政策の実現に資する結果（民意）が国民投票で示されるように、世論操作する可能性がある。政府・政党・議員には、世論操作する動機がある。

実際、国民投票を行ってきた国においても、常に、世論操作の危険が指摘されている。[33]

特に、スピンドクター（情報操作の専門家）が政治・選挙に深く関わっている欧米の状況をふまえると、日本においても、今後、世論操作の危険性が高くなっていくと考えられる。つまり、今まで以上に、国民は世論操作の危険にさらされるようになると考えられる。

だから、世論操作の危険は全くない、とはいえない。

ただ、国民の分析能力の欠如・情報不足等を原因として世論操作の危険があるから「原発国民投票を実施するべきではない！」と直ちにいえるかといえば、そうではない。すなわち、「国民の分析能力の欠如・情報不足等を原因として、世論操作の危険がある」→「原発国民投票を実施しても、世論操作の影響を受けて、国民が適切に判断できないおそれがある」→「原発国民投票の不適切な結果が国政に及ぼす悪影響を考慮すると、『原発国民投票を実施するべきではない！』」と直ちにいえるわけではない。

そこで、そのことに関して述べる。

以上で述べた世論操作の危険は、原発国民投票だけにあるわけではない。

国民投票一般に関する問題だ。

つまり、憲法改正国民投票にも、世論操作の危険はある。

それでも、憲法改正国民投票に関して規定した国民投票法は施行され、多くの政党から憲法改正の動きがある。また、世論操作の危険を原因とした「憲法改正手続から憲法改正国民投票を除去するべきだ！」「憲法改正手続を作り直すべきだ！」という大きな声は、社会からも、政界からも、聞こえてこない。そもそも、原因をそれに限らなくても、そのような大きな声は聞こえてこない。

ということは、一般的に、憲法改正国民投票の存在は社会で容認され、また、世論操作の危険を許容範囲内に抑えることができ、適切に憲法改正国民投票を実施できる状況だと考えられているといえる（もちろん、異なる考え方をしている人もいる。あくまでも、「一般的に」ということだ。なお、仮に、世論操作の危険を許容範囲内に抑えることができないと議員が考えているのに、憲法改正を進めようとしているなら大問題だ）。

そうすると、原発国民投票に関しても、世論操作の危険を許容範囲内に抑えられるはずだ。憲法改正国民投票に関する制度と同様の制度を、原発国民投票に関して設ければ良い。

それだけだ。

「憲法改正国民投票に関しては、世論操作の危険を許容範囲内に抑えられる、だから憲法改正国民投票を実施する。しかし、原発国民投票に関しては、世論操作の危険を許容範囲内に抑えられない、だから原発国民投票を実施しない」というのはおかしい。両方とも、国民投票だ。

しかも、諮問型国民投票は結果に法的拘束力がなく、憲法改正国民投票はその結果で憲法改正をするか否かが決定されるということをふまえると、世論操作の危険を重視するべきは、憲法改正国民投票の方だ。その憲法改正国民投票に関してですら、世論操作の危険を許容範囲内に抑えることができると考えられているのだから、諮問型国民投票に関しては、尚更、そのように考えやすい。

そのため、国民の分析能力の欠如・情報不足等を原因として世論操作の危険があるということを理由とする「原発国民投票を実施するべきではない！」という意見は、合理的ではない。

そもそも、「世論操作の危険があるから、国民に意思表示の機会を認めるべきではない」というような考え方をすると、国民投票だけではなく、選挙も実施するべきではない、ということになりかねない。選挙にも、世論操作の危険はある。

世論操作の危険を無視するのも問題だが、世論操作の危険を過度に重視するのも問題だ。世論操作の危険に限らず、世の中に、危険は満ち溢れている。それをある程度許容して、社会は成り立っている。

（8）国民の能力に関する実証研究

ところで、実証研究によると、国民投票の結果については概ね信頼できるという評価が多い。そのため、それに基づくと、国民の能力は概ね信頼して良いとされる。[34]

そのことをふまえると、もちろん、❷エネルギー政策に関する国民の知識・洞察力は不十分だろうということを理由とする「原発国民投票を実施するべきではない！」という意見は、合理的ではない。

なお、国民投票の結果・国民の能力は100％信頼できるわけではないので「原発国民投票を実施するべきではない！」という意見は、不適切だ。なぜなら、官僚の能力も、議員の能力も、100％信頼できるわけではないからだ。

エネルギー政策の専門家・原発の専門家（もちろん、自称専門家は除く）が、議員の中にどれくらいいるのだろう。

あまり多くはなさそうだ。

（9）信頼

先程述べたように、国民の能力に注目していうと、「国民が、㋐国政を担当する素養をもっているかには疑問があるが、㋐国政を担当する素養をもっていなくても、㋑国政を担当させる人を選ぶ能力はもっている」という考え方に基づいて、近代国家の憲法で、代表民主制が基本とされている。つまり、近代国家の憲法が代表民主制を基本としている背景には、国民の㋐国政を担当する素養に対する不信がある。

それにもかかわらず、日本国憲法には、憲法改正手続として、直接民主制の制度である憲法改正国民投票がある。

憲法改正手続に憲法改正国民投票がない民主主義国家があるということをふまえると、日本国憲法は、あえて、憲法改正国民投票を採用しているといえる。

しかも、先程述べたように、一般的に、憲法改正国民投票の存在は、社会で容認されているといえる。そこには、国民の㋐国政を担当する素養に対する一定の信頼があると考えられる。いくら憲法改正国民投票が憲法改正に正当性を付与するといっても、国民の㋐国政を担当する素養に対する信頼がなければ、すなわち、憲法改正国民投票を実施しても国民は滅茶苦茶にしか投票できないと思われていたら、憲法改正国民投票の存在は社会で容認されないだろう。

要するに、日本において、国民の㋐国政を担当する素養に対する信頼は、純粋な直接民主制を許容できるほど高くないが、代表民主制を補完するための直接民主制を許容できないほど低くないと考えられる。

確かに、国民が、日々、多岐にわたる分野の詳細な政策を適切に判断することは困難だろう。そもそも、それをできる人間はいないかもしれない。

しかし、しっかりと情報提供を受けたうえで、ある程度時間をかけて考えれば、国政上の重要問題に関して、国民は適切に判断できそうだ（国政上の重要問題に関する大きな方向性について、国民は適切に判断できそうだ）。国民の教育水準が上昇していることや、テレビ・インターネットを通じた情報収集が容易になっていることをふまえると、そのように考えやすい。

そして、日本において、国民の㋐国政を担当する素養に対する信頼がその程度あるという観点からは、❷エネルギー政策に関する国民の知識・洞察力は不十分だろうということを理由とする「原発国民投票を実施するべきではない！」という意見は、合理的ではない（以上で述べたことは、「(8) 国民の能力に関する実証研究」で述べたことをふまえると、納得しやすいだろう）。

原発国民投票の際、国民が、しっかりと情報提供を受けたうえで、ある程度時間をかけて考えることは可能だ。原発国民投票の制度をそれが可能な制度にして、原発の建設・稼働に関するメリット・デメリットについて、国民にしっかりと情報提供すれば良いだけだ。憲法改正国民投票のための国民投票法があるのだから、それを参考にして制度を設ければ良く、そう難しいことではない。

以上のことに関して、2014年1月31日、第186回国会衆議院予算委員会で、長妻昭衆議院議員は次の発言をした、「三・六兆円、三・六兆円とおっしゃりますけれども、その数字も精査をする必要があると思うのでございますが、では、短期的に考えて、三・六兆円というのはどのくらいの金額なのか。仮に消費税に換算しますと、一・五％分ぐらいになると思います。これは、国民の皆様が、原発を動かさない安全のコストとして三・六兆円をある程度受け入れる、つまり、消費税率一・五％分の上乗せをある程度の期間御負担いただく、それで原発を再稼働もしないでもうストップをしていく、こういう選択をされるのか、いやいや、三・六兆円は大きい金額で負担だから、それは原発を動かして短期的にその負担をなくしていく、そちらの方がいいとお考えになるのか、国民の皆さんに私は聞いてみたいと思うんですね。ぜひ、そういう国民の皆さんに聞いていただくような世論調査なり、国民投票というのは法律が整備されていないとは思いますけれども、そういう考え方もぜひ取り入れていただきたいと思うわけでございます」「その発言の「三・六兆円」は、2014年1月31日、第186回国会衆議院予算委員会における、茂木敏充国務大臣（当時）の次の答弁をふまえたものだ、「現在、三・一一以降、全ての原発が停止をしている。その影響でありますが、化石燃料への依存度、これは、御案内のとおり、石油ショック時以上上がっておりまして、現在八八％までいっている。しかも、例えば石油でいいますと、情勢が不安定な中東の依存度八三％ということでありまして、エネルギーの安定供給、これにも大きな懸念があるわけであります。さらに、コストで申し上げますと、原発が停止をする中で、二〇一三年度の燃料費、これは三・六兆円増加をするという見通しでありまして、国民一人当たり三万円、海外に多く払わなければならない」」。

ところで、そもそも、政党・議員が、国民の㋐国政を担当する素養を信頼していないのであれば、すなわち、国民の政策判断を行う素養を信頼していないのであれば、選挙の際に、政権公約を掲げ、政策を語ったり、政策選択選挙だといったりしているのはどういうことだろう。

政策判断を行う素養を十分にもつ国民、一部の優秀な国民だけを対象としているのだろうか（そういう国民以外の国民が政権公約を読んで、考えているのを見て、「どうせ政策なんて理解できないくせに、なぜ、政権公約を読んでいるんだろう。理解しているつもりになっているのかな?」とでも思っているのだろうか）。

政策を重視しているというパフォーマンスだろうか。

選挙に有利になる政策（国民受けがいい政策）を記載し、選挙に不利になる政策を記載しない、あるいは、曖昧に記載した政権公約を国民に示すことによって、票を獲得しようとしているのだろうか。政権公約は政党宣伝文書、政策判断を行う素養が不十分な国民から票を騙し取る集票詐欺の道具ということだろうか。

それがどういうことなのかは判然としないが、ひとまず、「選挙の際、原発問題を含む様々な事項に関する政策判断を、国民は適切にできる。しかし、原発国民投票の際、原発問題に関する政策判断を、国民は適切にできない」なんていうことはないだろう。

5　原発が押し付けられる？

(1)　大飯原発運転差止請求事件判決と大間原発建設差止請求事件

次に、❺原発の押し付けに注目して述べる。

以上では、2014年2月3日の阪口衆議院議員・安倍首相の議論をふまえて、「原発国民投票を実施するべきではない！」という意見について考えた。

ここからは、他の観点から考える。

原発国民投票に対しては、「原発を一部の地域に押し付けてしまうおそれがある」という批判がある。では、原発を一部の地域に押し付けてしまうおそれがあるから「原発国民投票を実施するべきではない！」という意見は、合理的なのだろうか。

原発は全ての都道府県にあるわけではない、原発がない都道府県の方が多い。

しかも、原発は、大都市にはない。

それは、当然ともいえる。日本のどこであっても、原発事故の発生は大問題だ。ただ、あえて比較すれば、大都市で発生した場合の方が、地方で発生した場合よりも、問題が大きい（被害が大きい）。例えば、福島原発事故と同規模の原発事故が東京23区で発生すれば、原発避難者は、福島原発事故を原因とする原発避難者よりも、はるかに多くなってしまう。その上、東京23区で原発事故が発生すれば、日本の政治・経済の中心地が麻痺してしまう。地方で原発事故が発生しても、そうはならない。実際、福島原発事故が発生しても、そうはならなかった。また、地方の方が、大都市よりも、原発を建設するための土地を見つけやすい。そして、いわゆる原発マネーで釣るのは、税収源の乏しい地方の方が容易だ。つまり、お金を見返りとして、原発という迷惑施設[35]を受け入れてもらおうと思った場合、税収源の乏しい地方の方が容易だ［原発とお金に関しては、最近注目されたことがあった。２０１４年6月16日、石原伸晃環境大臣（当時）は、福島原発事故の除染で出た汚染土などを保管する中間貯蔵施設の建設に関して、「最後は金目でしょ」と発言した。政府が地元との交渉を金で解決する意図ともとれる発言だったので、批判を浴び、石原大臣は発言の撤回・謝罪に追い込まれた（朝日新聞ＨＰ「石原環境相『最後は金目でしょ』中間貯蔵施設巡り発言」参照、福島民報ＨＰ「【『最後は金目』発言】これが国の本音か」、読売新聞ＨＰ「石原大臣『金目』発言を撤回……辞任する考え否定」参照）。その発言に基づくと、原発の建設・稼働に関しても、「最後は金目でしょ」ということになる］。

それが何を意味するかというと、原発がない地域の住民の方が、原発がある地域の住民よりも、はるかに多い、ということだ。今後、ますます、そのような状況が進むと考えられる［日本創成会議・人口減少問題検討分科会が２０１４年5月8日に発表した『２０４０年人口推計結果』によると、原発が立地する

17自治体（福島県内を除く）のうち12自治体は、人口維持が困難になるという（毎日新聞ＨＰ「消滅可能性：原発誘致した17自治体 12が人口維持困難」）。

そのことを背景に、次のような心配をして、「原発国民投票を実施するべきではない！」と考える人がいる。

原発の稼働を「認める」「認めない」という2択の原発国民投票を実施した場合。原発がない地域の住民が「原発を稼働させないと、電力の安定供給が困難になるらしい。それが、原発を稼働させるためのデマという話もあるけど、その真偽を考えるのは面倒だ。ひとまず、原発事故が発生しても、自分には大した悪影響はない。だから、原発の稼働に賛成しておこう」と思い、原発の稼働を「認める」という投票をする。それに対し、原発がある地域の住民は「原発の稼働は嫌だ。一刻も早く廃炉にするべきだ」と思い、原発の稼働を「認めない」という投票をする。原発がない地域の住民の方が、原発がある地域の住民よりも、はるかに多いので、原発国民投票の結果は、原発の稼働を「認める」が圧倒的多数派になる。その結果、原発がある地域の住民の「原発稼働反対」の声はかき消され、原発の稼働は進み、一部の地域に原発が押し付けられることになる。だから、「原発国民投票を実施するべきではない！」。

そのような考え方はどうなのだろうか。

まず、そもそも、原発がない地域の住民は原発の稼働に賛成し、原発がある地域の住民は原発の稼働に反対する、とは限らない。

原発事故が発生した場合、その被害の及ぶ範囲は原発がある地域に限られない。そのことは、福島原発事故の被害を見ると明らかだ。原発がない地域の住民も、原発事故によって被害を受けるおそれがある。

具体的にいうと、福島原発事故では深刻な被害が30㎞圏に及んだ。そして、２０１４年４月３日、北海道函館市は、青森県大間町で建設中の大間原発に関して建設差止訴訟を提起した。函館市は「大間原発で過酷事故が起きれば、27万人超の市民の迅速な避難は不可能。市が壊滅状態になる事態も予想される。市民の生活を守り、生活支援の役割を担う自治体を維持する権利がある」と主張している。訴状を提出した工藤寿樹函館市長は「危険だけを押しつけられて、（建設の同意手続きの対象外のため）発言権がない理不尽さを訴えたい」と語った。なお、函館市は津軽海峡を挟んで大間原発の対岸にあり、市の一部が原発事故に備えた避難の準備などが必要な30㎞圏の防災対策の重点区域（ＵＰＺ・緊急時防護措置準備区域）に入る［朝日新聞ＨＰ「函館市、大間原発建設差し止め提訴　自治体、初の原告」］。なお、大間原発から函館市までの最短距離は23㎞だ。また、これまでに、大間町に落ちた原発マネーは400億円以上だ（北海道文化放送制作『揺れる原発海峡～27万都市　函館の反乱～』）」。青森県大間町は、「大間のマグロ」が有名だったが、今後は、「大間の原発」「大間の原発訴訟」でも注目されることになる。「大間のマグロ」は、すでに、ネット上では、「大間の原発マグロ」ともいわれてしまっており、今後、ブランド価値がどうなるのか心配している人もいるだろう。同じ津軽海峡で獲れる「戸井のマグロ」が、「大間の（原発）マグロ」をブランド価値で上回る日がくるかもしれない。

また、最近２０１４年５月21日、大飯原発３、４号機運転差止請求事件で、福井地裁は次の判示をした、「個人の生命、身体、精神及び生活に関する利益は、各人の人格に本質的なものであって、その総体が人格権であるということができる。人格権は憲法上の権利であり（13条、25条）、また人の生命を基礎とするものであるがゆえに、我が国の法制下においてはこれを超える価値を他に見出すことはできない」「以上の次第であり、原告らのうち、大飯原発から250キロメートル圏内に居住する者（別紙原告目録1記載の各原告）は、本件原発の運転によって直接的にその人格権が侵害される具体的な危険があると認められるから、これらの原告らの請求を認容すべきである。原告らは、本件原発で大事故が起きれば、周囲の原子力発電所の従業員も避難を余儀なくされること等によりその原子力発電所が事故を起こし、同様のことが繰り返される結果、日本国民全員がその生活基盤を失うような被害に発展すると主張している。また、チェルノブイリ事故においては放射性物質に汚染された地域がチェルノブイリから1000キロメートルを超える地点まで存在するから原告ら全員が本件請求をできると主張している（第3の7）。これらの主張は理解可能なものではあるが、ここで想定される危険性は本件原発という特定の原子力発電所の法的な差止請求を基礎付けるに足りる具体性のある危険とは認められない。したがって、大飯原発から250キロメートル圏外に居住する原告ら（別紙原告目録2記載の各原告）の請求は理由がないものとして、これを棄却することとする」（福井地判平成26年5月21日）。その裁判例では、大飯原発から250km圏内に居住する者は、本件原発の運転によって直接的にその人格権が侵害される具体的な危険があるとされたのだ。その裁判例は、大飯原発3、4号機の原子炉について、運転の差止を命じる判決を言い渡したものであり、注目されたので、知っている人も多いだろう。

だから、原発がない地域の住民が原発の稼働に反対するということは、十分考えられる。

また、自分自身が原発事故の影響がある地域に住んでいなくても、家族・親族・友人・知人がその地域に住んでいる場合もある。その観点からも、原発がない地域の住民が原発の稼働に反対するということは、十分考えられる。もちろん、自分と無関係の第三者がその地域に住んでいることを理由に、原発がない地域の住民が原発の稼働に反対するということも考えられる。

それ以外にも、「人が立ち入れない土地が日本にできてしまうのは嫌だ！ 事故から3年経過しても立ち入れないなんて、原発事故くらいしかない。一刻も早く廃炉にするべきだ！」「原発事故で、特産品が食べられなくなったら嫌だ。一刻も早く廃炉にするべきだ！」と思い、原発がない地域の住民が原発の稼働に反対するということも考えられる。

また、逆に、原発がある地域の住民が原発の稼働に賛成するということも、十分考えられる。原発の稼働によって、仕事を得ることができ、生活できる人もいる。原発がある地域の住民の中に、そのような人は少なからずいる。また、地域住民が、地域活性化のために、原発の稼働に賛成するということも考えられる。[36]

以上のように、原発がない地域の住民は原発の稼働に賛成し、原発がある地域の住民は原発の稼働に反対する、とは限らない。原発がない地域の住民が原発の稼働に反対する可能性があるということは、現在、国民の多くが原発の再稼働に反対していることにも表れている。

また、「原発国民投票を実施しなければ、原発が一部の地域に押し付けられず、原発国民投票を実施すると、原発が一部の地域に押し付けられる」というのであれば、原発を一部の地域に押し付けてしまうおそれがあるから「原発国民投票を実施するべきではない！」という意見を合理的といいやすい。

しかし、現在、原発は一部の地域だけに存在する。原発が日本全国に均等に存在すると思っている人はあまりいないだろう。原発は、東京都にも、神奈川県にも、千葉県にも、埼玉県にも、そして、大阪府にも、愛知県にも、存在しない。

つまり、原発国民投票を実施しなくても、すなわち、原発の建設・稼働を政府・国会に委ねていても、原発は一部の地域だけに存在する。その現状を「原発を一部の地域に押し付けている」と表現するのであれば、そういうことになる（もちろん、それらの地域が原発を押し付けられたと思っているかは、わからないが。様々な意見があるだろう）。

そして、①安倍政権が原発再稼働に向けて突き進んでいること、②福島原発事故を経た現在、原発の新規建設が困難になっていること、③先程述べた、原発が大都市にない背景をふまえると、原発国民投票を実施せずに、原発の建設・稼働を政府・国会に委ねていても、原発が一部の地域だけに存在する状況は続き、結果として、稼働する原発は一部の地域だけに存在することになる。

そのため、「原発国民投票を実施しなければ、原発が一部の地域に押し付けられず、原発国民投票を実施すると、原発が一部の地域に押し付けられる」とはいえない。

原発国民投票を実施すれば、その結果によっては、早期に、脱原発が進み、原発を一部の地域に押し付けているといえる状況を解消できる可能性がある。

以上のことをふまえると、原発を一部の地域に押し付けてしまうおそれがあるから「原発国民投票を実施するべきではない！」という意見は、合理的とはいえない。

むしろ、原発を一部の地域に押し付けているといえる状況を解消するために「原発国民投票を実施するべきだ！」ということはできる。

（2）原発住民投票による押し付けと原発国民投票

そして、先程述べたように、従来、原発住民投票は実施されている。これからも、それが実施される可能性はある［朝日新聞ＨＰ「（茨城）那珂市が住民投票条例制定へ 原発再稼働など備え」参照］。

では、次のようなことは適切なのだろうか。

地域Ａとその周辺地域Ｂ・Ｃ・Ｄがある。原発は、地域Ａにはあるが、地域Ｂ・Ｃ・Ｄにはない。地域Ａの原発は、原発ａだ。また、地域Ａの人口は、地域Ｂ・Ｃ・Ｄの人口より少ない。そして、原発ａの稼働に関する住民投票が、地域Ａで実施された。地域Ａには、原発ａの稼働によって、仕事を得ることができ、生活できる人が多数いるため、原発住民投票の結果は、原発ａの稼働を「認める」になった。そして、その原発住民投票を経て、地元自治体Ａの理解を得られた原発ａが稼働することになった。ただ、原発ａで事故が発生した場合に、その影響を受けてしまう地域Ｂ・Ｃ・Ｄの住民は、原発が稼働しなくても十分生活が成り立つため、原発ａの稼働を「認めない」という立場にたっていた。ある意味、地域Ａによって地域Ｂ・Ｃ・Ｄは原発・その稼働を押し付けられてしまった、また、少数者によって多数者が原発・その稼働を押し付けられてしまった。

地域Ｂ・Ｃ・Ｄの住民は、原発ａを拒絶するために、原発国民投票の実施を望まないだろうか。

原発国民投票を実施するべきではないだろうか。

ところで、ＮＨＫは、２０１４年10月31日～11月３日、川内原発の再稼働について、世論調査を実施した。その結果は、以下のとおりだ（ＮＨＫ ＨＰ「ＷＥＢ特集 川内原発再稼働に鹿児島県が同意」）。

薩摩川内市では、川内原発の再稼働に、「賛成」「どちらかといえば賛成」49％、「反対」「どちらかといえば反対」44％（川内原発の位置は、鹿児島県薩摩川内市だ）。

全国では、川内原発の再稼働に、「賛成」「どちらかといえば賛成」32％、「反対」「どちらかといえば反対」57％。

川内原発から30㎞圏の地域（周辺地域）では、「賛成」「どちらかといえば賛成」34％、「反対」「どちらかといえば反対」58％。

薩摩川内市だけ、「賛成」「どちらかといえば賛成」の割合が、「反対」「どちらかといえば反対」の割合より高い。

そして、賛成の理由で最も多かったのは、薩摩川内市では「地域の経済の活性化」、その他の地域では「電力の安定供給」。反対の理由は、どの地域でも「原発の安全性への不安」が最も多かった。

（3）自由民主党『政権公約2014』『参議院選挙公約2013』と地元自治体

なお、2013年の第23回参議院議員通常選挙の際、自由民主党『参議院選挙公約2013』には次の記載があった、「原子力発電所の安全性については、原子力規制委員会の専門的判断に委ねます。その上で、国が責任を持って、安全と判断された原発の再稼働については、地元自治体の理解が得られるよう最大限の努力をいたします」。

ただ、以上で述べたことをふまえると、その記載に対しては、「地元自治体の理解だけでいいの?」という疑問が生じることになる。

そして、その後、2014年に第47回衆議院議員総選挙が実施されたわけだが、その際の自由民主党『政権公約2014』には、「再稼働にあたっては、国も前面に立ち、立地自治体等関係者の理解と協力を得るよう取り組みます」という記載がされ、「立地自治体『等』関係者」という記載になった。その記載に対しては、もちろん、「『等』って誰、何?」という疑問が生じる。

6 憲法・諮問型国民投票・自由民主党

(1) 諮問型国民投票導入に賛成しなかった自由民主党

ところで、諮問型国民投票導入のための法律について、国会で議論されたことがある。

その議論は、国民投票法の成立前に行われた。

自由民主党を中心とする与党は、憲法改正国民投票に限定した国民投票法案を主張した。

それに対し、民主党は、憲法改正国民投票だけではなく諮問型国民投票を含む国民投票法案を主張した。

つまり、自由民主党を中心とする与党と民主党の間には、国民投票を、憲法改正国民投票に限定したものにするか、諮問型国民投票を含めたものにするか、という主張の違いがあった。

自由民主党を中心とする与党は、諮問型国民投票の導入に賛成しなかった。

その結果、2007年5月14日に成立した法律は、諮問型国民投票を含まないものになった。その法律が、国民投票法だ。ちなみに、当時の首相・自由民主党総裁は、現在と同じ安倍晋三衆議院議員だ。

そして、自由民主党が諮問型国民投票の導入に賛成しなかった理由は、①憲法改正国民投票と一般的国民投票は本質的に異なるので、今回は憲法改正国民投票の具体化に限定するのが適当だということ、②憲法は国会を国の唯一の立法機関とし、代表民主制を原則としているということ、③憲法上、国レベルの直接民主制の制度は、最高裁判所裁判官の国民審査・地方特別法の住民投票・憲法改正国民投票に限定されているということ、④一般的国民投票は、その効果が諮問的なものであっても（諮問型国民投票でも）、事実上の拘束力がありえることは否定できず、代表民主制の根幹に関わる重大な問題であり、憲法改正事項ではないかという懸念があるということだ（２００７年３月29日、第166回国会衆議院日本国憲法に関する調査特別委員会、保岡興治衆議院議員発言参照[37]）。

その理由は、理由①と理由②③④に分けることができる。

理由①は、憲法改正国民投票と一般的国民投票の違いに着目した、法律の対象に関するものだ。理由①は、あくまでも「今回は」という当時の理由だ。そのため、理由①は、現在、諮問型国民投票導入を拒否する理由にはならない。

理由②③④は、直接民主制・代表民主制に着目した、憲法上諮問型国民投票が許容されるかということに関するものだ。理由②③④に関して、２００６年６月１日、第164回国会衆議院本会議で、自由民主党の保岡興治衆議院議員は「本法律案の国民投票は、あくまでも日本国憲法第九十六条の実施法であり、憲法改正国民投票だけを対象としているものであります。現行憲法のもとで認められている国政ベースでの直接民主制は、この憲法改正国民投票と、最高裁判所裁判官の国民審査、そして地方自治特別法の三つの場合に限定されており、これ以外の場合に直接民主制の制度を創設することは、そのことの是非はさておき、基本的には憲法改正を伴うものと考えるのが素直だからであります」と発言した（第164回国会では、憲法改正手続を具体化する法律案が、与党と民主党から提出された。保岡興治衆議院議員は与党案の提出者だ。なお、理由②③④をふまえると、「原発国民投票の実施によって憲法上の問題が生じるので、憲法改正をしなければ、『原発国民投票は実施できない！』」「原発国民投票の実施によって憲法上の問題が生じるおそれがあるので、憲法改正をせずに、『原発国民投票を実施するべきではない！』」という意見が考えられる）。

憲法改正をして諮問型国民投票を容認すれば、憲法が明確に諮問型国民投票を認めることになるので、理由②③④は解消される。

そのため、自由民主党が、諮問型国民投票導入を望んでいるものの、②③④を理由として、憲法上諮問型国民投票を導入できない、あるいは、導入するべきではない、と考えているのであれば、諮問型国民投票を容認する憲法改正を目指すことになる（なお、もちろん、諮問型国民投票を容認する憲法改正をしても、それだけで諮問型国民投票を実施できるわけではなく、諮問型国民投票に関する手続を規定した法律を立法する必要がある。すなわち、憲法改正国民投票に関する手続を規定した法律である国民投票法のような法律を、諮問型国民投票に関して立法する必要がある。また、現行憲法上諮問型国民投票は許容されるという立場にたっても、諮問型国民投票を実施できることを憲法の規定上明確にするために、憲法改正を目指す、ということは考えられる）。

では、自由民主党は、諮問型国民投票を容認する憲法改正を目指しているのだろうか。

先程述べたように、自由民主党が「いずれ憲法改正原案として国会に提出することになる」と考えているものが『日本国憲法改正草案』だ。そのため、それを見ると、自由民主党が諮問型国民投票を容認する憲法改正を目指しているかがわかる。

『日本国憲法改正草案』には、諮問型国民投票容認のための規定はない。

つまり、自由民主党は、諮問型国民投票を容認する憲法改正を目指していない。

以上のように、自由民主党は、立法による諮問型国民投票導入に関しては、②③④という憲法上の問題を理由として賛成せず、また、憲法改正による諮問型国民投票容認に関しては、それを目指していない。

要するに、自由民主党は、諮問型国民投票導入に消極的ということだ［先程述べたように、東京大学教授の石川健治氏は「中央政治・地方政治を問わず、旧来の自民党政治家に、『代表』を飛ばして直接『民意』に訴える、国民投票や住民投票の導入に懐疑的なタイプの人が多かったのは、その意味では首尾一貫していた」と指摘している］。

以上のことをふまえて、次のように思う人もいるかもしれない、「諮問型国民投票導入に関して憲法上の問題②③④を主張できるのは、それに消極的な自由民主党にとっては、好都合といえる。だから、自由民主党は問題②③④を解消するための憲法改正を目指さないのかな？『憲法上の問題②③④が～』と延々と主張し続けて、つまり、憲法を盾にとって、諮問型国民投票導入に賛成しない作戦かな？憲法上諮問型国民投票が許容されるかなんて、いつまでも議論できるテーマだもんね。ごねてないで、自由民主党政権下で示された政府見解に素直に従えばいいのに」。

なお、先程述べたように、憲法上諮問型国民投票は許容されるというのが政府見解・憲法学上の通説だ。そのため、与党である自由民主党・公明党が、立法による諮問型国民投票導入を目指せば、その実現は、法的にはそう難しいことではないと考えられる。もちろん、原発国民投票に関しても、そのように考えられる［なお、原発国民投票に関しては、みんなの党が、原発国民投票法案を提出したことがある。そのことに関して、２０１４年10月22日、第187回国会参議院憲法審査会で、松田公太参議院議員は次の発言をした、「私が非常に重要であると考えているのは国民投票の対象拡大です。これまでにみんなの党では原発国民投票法案や国民投票型の首相公選制法案を提出してきました。原発の在り方や首相の選定等、国の根本に関わる事項については国民の多数意思を反映しなくてはいけないからです。憲法前文に主権が国民に存するとされていることの意味です」」。

そして、憲法上諮問型国民投票は許容されるという政府見解・憲法学上の通説に基づくと、「原発国民投票は憲法上許容されるので、憲法改正をしなくても、『原発国民投票を実施できる！』」ということになる。

（2）利益団体・国民と原発政策

ところで、先程、自由民主党が諮問型国民投票の導入に賛成しなかった理由として、「④一般的国民投票は、その効果が諮問的なものであっても（諮問型国民投票でも）、事実上の拘束力がありえることは否定できず、代表民主制の根幹に関わる重大な問題であり、憲法改正事項ではないかという懸念があるということ」をあげた。

そこで、以下、原発国民投票の事実上の拘束力に関して述べる。

原発国民投票の事実上の拘束力に関して、以下のような懸念をもち、「原発国民投票を実施するべきではない！」と思う人もいるかもしれない。

原発の稼働の是非を争点にした原発国民投票を実施した場合。

国民は、原発の稼働を「認めない」という選択をした（もちろん、先程述べたように、国民が原発の稼働を「認める」という選択をする可能性もあるが、国民の多くが原発再稼働に反対している現状をふまえ、国民がそのような選択をした場合を想定して話を進める）。

そして、議員の目標は、再選・昇進・政策の実現であり、その中でも、再選は重要な目標だ。選挙の際の票の獲得は、もちろん、再選につながる。

また、政党は、政治上の主義・主張の実現を目的とする団体だ。現実問題として、政党がそれを実現するためには、国会で議席を獲得することが重要だ、そして、そのためには票を獲得したほうが良い。

だから、議員・政党は、票の獲得を目指す。

原発国民投票の結果は国民が直接示したものなので、それに従わないと、議員・政党は国民から反発され、票を獲得できなくなってしまうおそれがある。

そこで、議員・政党は、票の獲得という自己の利益を最大化するための合理的選択をして、原発国民投票の結果に従うことにした、すなわち、原発の稼働を「認めない」という選択をした。

原発国民投票を実施した結果、議員・政党は、原発の稼働を「認めない」という選択をせざるを得ない状況になった。事実上、議員・政党に、原発の稼働を「認める」という選択肢はなくなった。

以上が、その懸念だ。

ただ、その懸念に基づくと、すなわち、議員・政党が、票の獲得という自己の利益を最大化するための合理的選択をすると、以下のようなことも起こり得る。

利益団体Aは、原発の稼働を「認める」という立場にたつ団体だ。

そして、利益団体Aは、政党Bに票（いわゆる組織票）を提供している。

一般に、利益団体が政党・政治家に票を提供するのは、政党・政治家の政策に影響を与えたり、政党・政治家から便宜供与を受けたりするためだ（もちろん、政党・政治家がそれに応えるか、どの程度応えるかは、ケースバイケースだ）。利益団体は何も考えずに、票を提供しているわけではない。

利益団体Aも、例外ではない。

そのため、政党Bは、今後も利益団体Aから票の提供を受けるために、利益団体Aの考え方に従うことにした、すなわち、原発の稼働を「認める」という選択をした。

利益団体Aから票の提供を受けている政党Bには、事実上、原発の稼働を「認める」という選択肢しかなかった（改革に関して、「政党Cは利益団体Dから支援を受けている。そのため、政党Cはある分野の改革ができない」という報道がされることがある。つまり、政党Cは、利益団体Dから票・資金を得ているが、利益団体Dの望まない改革をしてしまうと、今後そのような票・資金を得ることが困難になってしまうおそれがあるので、政党Cはその改革ができない、ということだ。そのような報道をふまえると、政党Bの選択肢に関して述べたことを納得しやすいだろう）。

ここでは、利益団体Aによる政党Bへの票の提供に注目したが、利益団体Aによる議員Eへの票の提供に関しても同様のことが起こり得る。

以上のように、票の獲得に注目した場合、議員・政党は、原発国民投票の結果（国民の判断）に拘束される可能性もあるし、利益団体の判断に拘束される可能性もある。

そして、一般に、利益団体がその団体の利益を追求して活動する団体だということをふまえると、原発に関して、議員・政党が利益団体の判断だけに拘束される可能性がある状況よりも、議員・政党が利益団体の判断だけではなく国民の判断にも拘束される可能性がある状況の方が、国民にとって望ましい。原発に関して、議員・政党が利益団体の判断に一方的に引きずられるのは、国民にとって望ましくない。

だから、議員・政党が利益団体の判断に引きずられることを防止する手段を国民に認めるべきだ、そして、その手段が原発国民投票だ。

以上のことをふまえると、利益団体の判断に政党・議員が引きずられるのを防止するために、「原発国民投票を実施するべきだ！」ということができる。

なお、以上のことに関する報道を３つ紹介する。

まず、２０１２年１月の報道は、次のとおりだ。

「東京電力が電力業界での重要度を査定し、自民、民主各党などで上位にランク付けしてパーティー券を購入していた計10人の国会議員が判明した。電力会社を所管する経済産業省の大臣経験者や党実力者を重視し、議員秘書らの購入依頼に応じていた。１回あたりの購入額を、政治資金収支報告書に記載義務がない20万円以下に抑えて表面化しないようにしていた。また、東電の関連企業数十社が、東電の紹介などにより、多数の議員のパーティー券を購入していたことも判明した。複数の東電幹部によると、東電は、電力業界から見た議員の重要度や貢献度を査定し、購入額を決める際の目安としていた。２０１０年までの数年間の上位ランクは、いずれも衆院議員で、自民では麻生太郎、甘利明、大島理森、石破茂、石原伸晃の５氏、元自民では与謝野馨（無所属）、平沼赳夫（たちあがれ日本）の２氏。民主では仙谷由人、枝野幸男、小沢一郎の３氏だった。東電総務部が窓口役となって、毎年、東電の営業管内や原発立地・建設中の都県などの100人近い国会議員の関連団体が開くパーティーや勉強会に対し、各秘書からの要請に応じて計５千万円以上購入。査定が低く、１回のみの購入の議員が多い中、09年までの政権党として関係が深い自民の５人と元自民の２人については、１回あたり20万円以下の券を年間で数回購入したことがあった。一部の議員分は、関連企業も購入していたという。東電総務部による過去数年間の査定では、麻生氏と、電力会社を所管する旧通商産業相経験者の与謝野氏は『電力業界の長年のよき理解者』として重視。甘利氏は、電力などエネルギー政策全般の基本計画の策定を国に義務づけた『エネルギー政策基本法』の成立（02年）に尽力し、その後も経産相を務めたことなどを評価していた。また、大島氏は、原子力施設が立地・建設中の青森県の選出議員、平沼氏は通産相経験者、石破、石原両氏は『現在の党実力者』として重視していた。一方、電力系労組が支援する民主議員について、東電の会社側は距離を置いていたが、『党実力者』として評価する議員に限り、表面化しない20万円以下の金額でパーティー券を購入していた。なかでも仙谷、枝野、小沢各氏については、党内への影響力などを考慮し、他の議員より金額を多めにしていたという。東電は１９７４年以降、『電力供給の地域独占が認められた公益企業にそぐわない』と企業献金を自粛する一方で、国会議員のパーティー券購入に多額の資金を投入していた」［朝日新聞ＨＰ「東電、10議員を『厚遇』パーティー券を多額購入」］。

また、２０１４年７月の報道は、次のとおりだ。

「関西電力で政界工作を長年担った内藤千百里（ちもり）・元副社長（91）が朝日新聞の取材に応じ、少なくとも１９７２年から18年間、在任中の歴代首相７人に『盆暮れに１千万円ずつ献金してきた』と証言した。政界全体に配った資金は年間数億円に上ったという。原発政策の推進や電力会社の発展が目的で、『原資はすべて電気料金だった』と語った。多額の電力マネーを政権中枢に流し込んできた歴史を当事者が実名で明らかにした」［朝日新聞ＨＰ「関電、歴代首相７人に年２千万円献金　元副社長が証言」］。

そして、２０１４年12月の報道は、次のとおりだ。

「衆院選で、東海四県（愛知、岐阜、三重、静岡）の中部電力管内から小選挙区で出馬した民主党候補者二十五人のうち少なくとも十八人が、民主党の支持母体である連合傘下の中電労組（組合員一万五千人）と『核燃料サイクル』の推進や『原子力の平和利用』を明記した政策協定を結んでいたことが中日新聞社の調べで分かった。協定は、労組が候補者を『推薦』するかどうかを決める際の条件だが、同党は衆院選公約で二〇三〇年代の原発ゼロを掲げている。（中略）推薦を受けた岐阜の候補者は、政策協定と党の方針は『矛盾しない』と回答。再生可能エネルギーの供給量を現在の需要に見合うよう即時に引き上げるのは『時間がかかりすぎる』ことを理由に挙げた。静岡の候補者は『現実的にゼロを目指すことが大事。原発で働く人の生活の保障は当然だ』と話した。一方、『党の脱原発の方針と矛盾する』として労組との協定を結ばない愛知の候補者もいた。推薦があれば、票のとりまとめや陣営スタッフの派遣を受けられる。ある陣営関係者は『労組の票は固い。自民に勢いがある現状では、固定票として、のどから手が出るほどほしい』と打ち明ける。中電労組は、一二年十二月の前回衆院選でも、民主党の候補と協定を結び、大半に推薦を出している。労組幹部は『われわれが必要と考えるエネルギー政策にご理解いただける候補を応援するのは当然だ』と話している」［中日新聞ＨＰ「民主候補が原発推進協定 中電労組と東海の18人」］。

7 「原発国民投票を実施するべきではない！」の合理性

以上のように、❹国会論議、❺原発の押し付けに注目すると、「原発国民投票を実施するべきではない！」という意見は合理的とはいえない。

そして、憲法上諮問型国民投票は許容されるという政府見解・憲法学上の通説に基づくと、憲法改正をしなくても、立法をすれば、原発国民投票を実施できる。

だから、やはり、安倍政権は、原発再稼働を諦めるか、原発国民投票を実施するべきだ。

V　２０１４年12月衆議院議員総選挙・２０１４年11月衆議院解散と原発国民投票

さて、２０１４年12月14日、第47回衆議院議員総選挙が実施された。

その選挙は、11月21日の衆議院解散に伴って実施されたわけだが、その解散に関して、11月18日、記者会見で、安倍首相は次の発言をした、「このように、国民生活にとって、そして、国民経済にとって重い重い決断をする以上、速やかに国民に信を問うべきである。そう決心いたしました。今週21日に衆議院を解散いたします。消費税の引き上げを18カ月延期すべきであるということ、そして平成29年4月には確実に10％へ消費税を引き上げるということについて、そして、私たちが進めてきた経済政策、成長戦略をさらに前に進めていくべきかどうかについて、国民の皆様の判断を仰ぎたいと思います」[38]。

その発言を見るとわかるように、安倍首相は、消費税・経済政策・成長戦略に関して国民の判断を仰ぎたい、とした。

原発国民投票の実施を促された安倍首相が、すなわち、原発政策に関して国民の判断を仰ぐことを促された安倍首相が、それに否定的な立場を示した答弁をふまえて、安倍首相が次のように発言すると思っていた人もいるかもしれない、「消費税・経済政策・成長戦略は国民みんなが考えるべきことであり、議員が国会において議論を交わしながら、その中で責任をもって判断することだ。だから、それらに関して、国民の判断は仰がない（安倍首相答弁❶参照）」「消費税・経済政策・成長戦略については、専門的知識・深い洞察が必要だ。だから、それらに関して、国民の判断は仰がない（安倍首相答弁❷参照）」。

しかし、安倍首相は、そのように発言せず、消費税・経済政策・成長戦略に関して国民の判断を仰ぎたいとした。

そして、そのように考えた理由として、国民生活・国民経済にとって重い重い決断をすることをあげた。原発再稼働の判断も、国民生活・国民経済にとって、重い重い決断だ（原発再稼働の判断は、当然、原発政策に関する判断だ）。

だから、安倍首相のその発言に基づくと、原発再稼働も、国民の判断を仰ぐことといえる。

そして、選挙と諮問型国民投票には先程述べたような違いがあるので、原発再稼働に関して国民の判断を仰ぐ場合、諮問型国民投票、すなわち、原発国民投票が望ましい。

ところで、安倍首相は、国民が、消費税・経済政策・成長戦略に関する専門的知識・深い洞察力をもっていると思っているのだろうか。安倍首相は、消費税・経済政策・成長戦略に関して、国民は適切に判断できると思っているのだろうか。いうまでもないかもしれないが、国民は、原発政策に関しては専門的なことを学んでいないが、消費税・経済政策・成長戦略に関してはそれを学んでいる、という事情はない。また、国民は、ただ生きていれば、それだけで、消費税・経済政策・成長戦略に関する専門的知識・深い洞察力を身につけるが、原発政策に関してはそうではない、という事情もない。

Ⅵ おわりに――2014年5月21日、大飯原発運転差止請求事件判決――

現在、国民の多くは、原発再稼働に反対している。

安倍政権は、原発再稼働を諦めるか、原発国民投票を実施するべきだ。

そして、原発国民投票を実施する場合、その結果に沿って、議員・政府は活動するべきだ。それが、国民の意思に沿った政治であり、国民の利益につながる。

2014年5月、ロンドンの金融街シティで講演した安倍首相は「経済成長のためには、安定的で安いエネルギー供給の実現が不可欠です。原子力発電所を一つひとつ慎重な手順を踏んで稼働させていくことにしました」と発言した［テレビ朝日ＨＰ「『原発を再稼働する』安倍総理がロンドンで講演」］。

確かに、経済成長は重要だ。

しかし、それが唯一絶対の価値というわけではない。

そのことは最近の裁判例にも表れており、2014年5月21日、大飯原発3、4号機運転差止請求事件で、福井地裁は次の判示をした、「個人の生命、身体、精神及び生活に関する利益は、各人の人格に本質的なものであって、その総体が人格権であるということができる。人格権は憲法上の権利であり（13条、25条）、また人の生命を基礎とするものであるがゆえに、我が国の法制下においてはこれを超える価値を他に見出すことはできない。したがって、この人格権とりわけ生命を守り生活を維持するという人格権の根幹部分に対する具体的侵害のおそれがあるときは、その侵害の理由、根拠、侵害者の過失の有無や差止めによって受ける不利益の大きさを問うことなく、人格権そのものに基づいて侵害行為の差止めを請求できることになる。人格権は各個人に由来するものであるが、その侵害形態が多数人の人格権を同時に侵害する性質を有するとき、その差止めの要請が強く働くのは理の当然である」「被告は本件原発の稼動が電力供給の安定性、コストの低減につながると主張するが（第3の5）、当裁判所は、極めて多数の人の生存そのものに関わる権利と電気代の高い低いの問題等とを並べて論じるような議論に加わったり、その議論の当否を判断すること自体、法的には許されないことであると考えている。我が国における原子力発電への依存率等に照らすと、本件原発の稼動停止によって電力供給が停止し、これに伴なって人の生命、身体が危険にさらされるという因果の流れはこれを考慮する必要のない状況であるといえる。被告の主張においても、本件原発の稼動停止による不都合は電力供給の安定性、コストの問題にとどまっている。このコストの問題に関連して国富の流出や喪失の議論があるが、たとえ本件原発の運転停止によって多額の貿易赤字が出るとしても、これを国富の流出や喪失というべきではなく、豊かな国土とそこに国民が根を下ろして生活していることが国富であり、これを取り戻すことができなくなることが国富の喪失であると当裁判所は考えている」（福井地判平成26年5月21日）。

原発国民投票は、国民一人ひとりが、何を大切にするか、日本をどのような国にしたいかを考え、それを示す機会になる。

福島原発事故が発生した日本だからこそ、国民にそのような機会を認めるべきだ。世界的に見た場合、国民投票が多数実施されていることをふまえると、[39] 尚更だ。

国民の多くが原発再稼働に反対している中、原発国民投票を実施せずに、原発の再稼働を進めていくというのは許されない。

国の大きな方向性を示すのは、主権者である国民だ。

〈注〉

（1）２０１４年10月27日、日本経済新聞社は次の報道をした、「日本経済新聞の世論調査で、２閣僚の辞任問題だけでなく安倍内閣が重視する政策課題にも厳しい視線が向かっていることがわかった。（中略）原子力発電所の再稼働に関しては『進めるべきだ』が29％で『進めるべきではない』の56％を下回った」［日本経済新聞ＨＰ「政策課題に厳しい目 消費増税『賛成』23％に低下 原発再稼働『進めるべき』29％」］。

朝日新聞社は、２０１４年10月25日、26日に全国緊急電話世論調査を行った。原発再稼働については、「賛成」29％、「反対」55％だった。２０１３年６月以降、同じ質問を９回しているが、傾向は毎回同じだ［朝日新聞社ＨＰ「内閣支持率49％、閣僚辞任後に微増 朝日新聞世論調査」］。

読売新聞社が、２０１４年８月１日～３日に実施した全国世論調査で、安全性を確認した原発を再稼働するという安倍内閣の方針に「反対」は58％、「賛成」は34％だった［読売新聞ＨＰ「内閣支持率、上昇51％（８月１～３日調査）」］。

（2）ＮＨＫは次の報道をした、「東京電力福島第一原発の事故から3年。未だ故郷に帰れない原発避難者は13万人いる。いま国は事故以来、前提としてきた避難者の『全員帰還』という方針を転換し、年間50ミリシーベルトを超える帰還困難区域の2.5万人には事実上の〝移住〟を求め始めている」［ＮＨＫ ＨＰ「ＮＨＫスペシャル２０１４年3月8日 避難者13万人の選択～福島 原発事故から3年～」］。

北海道新聞は次の報道をした、「（２０１４年４月28日、福島県は）東日本大震災と東京電力福島第１原発事故のため県内外に避難している県民を対象に実施したアンケート結果を発表した。震災発生当時は一緒に暮らしていた世帯のうちほぼ半数の48.9％が、家族が２カ所以上に離れて暮らしていることが分かった。（中略）避難後、心身の不調を訴えるようになった人がいる世帯も67.5％に上り、避難の長期化が大きな負担になっていることも判明した」［北海道新聞ＨＰ「避難の福島県民、家族分散49％ 県調査、世帯7割に心身不調者」］。

（3） ２０１４年3月14日、福島民報は次の報道をした、「東日本大震災や東京電力福島第一原発事故が原因とみられる県内の自殺者数は昨年末現在、46人に上っている。さらに、震災以降の年間自殺者が毎年増え続けている。（中略）震災以降、被災三県の震災関係の自殺者数の推移は、統計を取り始めた平成23年6月以降、本県は23年が10人、24年が13人、25年が23人と増加の一途をたどっている」［福島民報ＨＰ「県内自殺者年々増加 原発事故関連死 昨年23人、前年比10人増」］。

（4） 経済産業省『平成25年度エネルギーに関する年次報告（エネルギー白書２０１４）』（２０１４年）76頁。
２０１４年4月11日、安倍政権下で、新しいエネルギー基本計画が閣議決定され、各エネルギー源は、電源として以下のように位置付けられた［経済産業省ＨＰ『エネルギー基本計画』（２０１４年）19頁］。

発電（運転）コストが、低廉で、安定的に発電することができ、昼夜を問わず継続的に稼働できる電源となる「ベースロード電源」として、地熱、一般水力（流れ込み式）、原子力、石炭。

発電（運転）コストがベースロード電源の次に安価で、電力需要の動向に応じて、出力を機動的に調整できる電源となる「ミドル電源」として、天然ガスなど。

発電（運転）コストは高いが、電力需要の動向に応じて、出力を機動的に調整できる電源となる「ピーク電源」として、石油、揚水式水力など。

（5） 山岡規雄「スウェーデンの国民投票制度」外国の立法２００４年2月号（２００４年）４頁。

（6） 憲法改正手続については、飯田泰士『集団的自衛権――２０１４年5月15日「安保法制懇報告書」／「政府の基本的方向性」対応』（彩流社、２０１４年）16頁。

（7） 宮下茂「一般的国民投票及び予備的国民投票～検討するに当たっての視点～」立法と調査320号（２０１１年）

142頁。

1978年2月3日、第84回国会衆議院予算委員会で、真田秀夫内閣法制局長官（当時）は次の答弁をした、「現行の憲法がいわゆる間接民主制をとっておることは、これはもうおっしゃるとおりでございまして、憲法の前文なりあるいは四十一条ないし四十三条あたりの条文から見ましても、これは明らかに間接民主制を国の統治の機構の基本原理として採用しているわけでございます。憲法自身が、それに対する例外と申しますか、直接民主制を書いている事項もございます。たとえば憲法改正に対する国民投票とか、あるいは最高裁判所裁判官の国民審査の制度とか、あるいはいわゆる地方特別法の制定に関する住民投票、こういうように限定的に憲法は直接民主制を容認しておる、こういうふうに私たちも理解いたしております。したがいまして、たとえ法律をもっていわゆる住民投票制を設けるといたしましても、いま申しましたような憲法の趣旨から見まして、その住民投票の結果が法的な効力を持って国政に参加するという形に仕組むことは、これは憲法上恐らく否定的な結論になるのだろうと思いますが、ただいまおっしゃいましたように、法的な効力は与えない、どこまでも国会が唯一の立法機関であるという憲法四十一条の原則に触れないという形に制度を仕組むということであれば、まずその点は憲法に違反しない。しかも、どういう事項についてこれを国民投票に付するかということについても、国会自身が決めるということであれば、それはやはり国会が国権の最高機関であるという原則にも触れないであろう。したがいまして、個別的な事案につきまして国民全体の意思を、総意を国会がいろいろな御審議の参考にされるために国民投票に付するという制度を立てることが、直ちに憲法違反だとは私も思っておりません」。

（8）三輪和宏＝山岡規雄『諸外国の国民投票法制及び実施例』調査と情報650号（2009年）。

2014年4月24日、第186回国会衆議院憲法審査会で、橘幸信衆議院法制次長は次の答弁をした、「欧州各国における国政重要問題に関する国民投票制度の利用の状況についてでございますけれども、各国それぞれの憲法のもとでの制度設計でございますから、その法的拘束力の有無や、国民投票実施が義務的なものか任意的なものであるかといったような制度設計はさまざまであり、それらを捨象した上で、若干の事例を御紹介申し上げさせていただきます。まず、昨年、先生と御一緒させていただきましたイタリアにおきましては、法律廃止の場面における国民投票制度がかなり積極的に活用されているといったことは、先生には釈迦に説法でございますが、海外調査で見聞してきたところでございます。我が国でも報道された著名なものとして、原発再開計画の許容に関する法律の廃止につきましては、この国民投票は近年行われ、これが可決されたというところは御承知のとおりであるかと存じます。また、直接民主制の要素を大幅に取り入れているスイスでの頻繁な国民投票の実施はよく引用されるところでもございます。そのほか、衆議院憲法調査会あるいは憲法調査特別委員会の時代におけます海外調査報告書を見てみますと、オーストリア、スウェーデン、スペイン、そしてフランスなど、欧州各国においても、法律案やあるいは政治的に重要な問題に関する国民投票制度が設けられております。その利用の回数、頻度についてはは各国においてまちまちでございますが、それなりの実施例はあるようでございます」。

（9）岡田浩＝松田憲忠『現代日本の政治――政治過程の理論と実際――』（ミネルヴァ書房、２００９年）８～９頁参照。

（10）野中俊彦ほか『憲法Ⅱ』（有斐閣、第5版、２０１２年）62頁。

（11）ジェラルド・カーティス（山岡清二ほか訳）『代議士の誕生』（日経ＢＰ社、２００９年）19～20頁。

（12）２０１２年、日本大学教授の岩井奉信氏は「政治資金における政党助成金への依存する割合が非常に高まっている。政党助成金依存度は、民主党が82.7％、自民党が67.4％となっており、二大政党は、今や事実上、『国営政党化』しつつあると言える。このような姿は、本来的な意味での国家と政党の関係として望ましいとは言えない」と指摘した［岩井奉信「政治とカネをめぐる課題」21世紀政策研究所『政権交代時代の政府と政党のガバナンス

――短命政権と決められない政治を打破するために』（２０１２年）128頁」。

なお、日本共産党は、政党交付金を受取ろうと思えば受け取れるが、受け取っていない。
(13) 日本弁護士連合会『憲法改正手続法の見直しを求める意見書』は「60日という期間は、仮に個別条項の改正についての国民投票のみを前提としてもなお極めて不十分といわねばならない。最低でも1年間は必要である」とする。
また、国民投票法の成立前、東京大学教授の長谷部恭男氏は「発議から国民投票まで2年以上の熟慮期間を置くべき」としていた。なお、長谷部恭男氏は、そのように考える理由として、①国民の間で議論をする余裕をとるということ、②現下の政治状況を前提とした、短期的な党派的利害に基づく憲法改正の提案をしにくくするということをあげている［長谷部恭男＝杉田敦『これが憲法だ！』（朝日新聞社、２００６年）202頁］。
(14) ＲＥＵＴＥＲＳ ＨＰ「焦点：川内原発審査で火山噴火リスク軽視の流れ、専門家から批判」、東京新聞ＨＰ「川内再稼働食い止めろ『経済より命が大事』」、西日本新聞ＨＰ「川内原発 再稼働前に議論を尽くせ」、朝日新聞ＨＰ「御嶽山噴火『予知は困難だった』気象庁、前兆つかめず」、産経新聞ＨＰ「『われわれの予知レベルはそんなもの』『近づくな……でいいのか』予知連会長が難しさ語る」、読売新聞ＨＰ「御嶽山噴火 見せつけられた予知の難しさ」。
(15) 野中ほか・前掲注(10) 9頁。
２０１３年6月13日、第183回国会衆議院憲法審査会で、橘幸信衆議院法制局法制企画調整部長（当時）は次の答弁をした、「民主主義というのは、デモクラシー、すなわち、デモスによるクラティア、民衆による統治ということでございますので、これを別の言葉で言えば、みずからを統治する自治、自己統治ということになると思います。そういたしますと、理念的には、人民みずからが直接にみずからを統治する、統治行為に参画するということになるわけですから、直接民主制がその基本となるべきことが導かれると思います」。

（16）首相官邸ＨＰ「平成25年12月9日安倍内閣総理大臣記者会見」。

（17）共同通信社が２０１３年12月8日・9日に実施した全国緊急電話世論調査によると、２０１３年12月6日に成立した特定秘密保護法を今後どうすれば良いかについて、次の通常国会以降に「修正する」54.1％、「廃止する」28.2％で、合わせて82.3％に上った。「このまま施行する」は9.4％しかなかった［産経新聞ＨＰ「特定秘密保護法修正・廃止を82％ 内閣支持10ポイント急落、共同通信世論調査」］。

特定秘密保護法案の衆議院通過を受け、朝日新聞社が２０１３年11月30日～12月1日に実施した全国緊急電話世論調査によると、法案に賛成が25％で、反対が50％だった［朝日新聞ＨＰ「秘密保護法案、賛成25％反対50％朝日新聞世論調査」］

（18）２０１４年2月12日、第186回国会衆議院予算委員会で、大串博志衆議院議員は「内閣法制局にお尋ねしますが、政府として、集団的自衛権に関して、憲法改正を必要とせずとも、これを用いずとも、解釈変更によって集団的自衛権の行使が認められるというふうに政府として答弁したことはありますか」と質問した。

その質問に対して、横畠裕介内閣法制次長・内閣法制局長官事務代理（当時）は「お答えいたします。集団的自衛権の行使に関するものと明示して御指摘のような趣旨を述べた政府の答弁は承知しておりません」と答弁した。

（19）本書で論じている憲法は、日本国憲法だ。

そして、日本国憲法の前の日本の憲法は、大日本帝国憲法（明治憲法・帝国憲法）だ。

天皇が制定した欽定憲法だった大日本帝国憲法にも憲法改正手続の規定はあったが、その改正は天皇によってのみ発議されうるものとされ、また、国民（当時の言葉では「臣民」）は憲法改正の過程から排除されていた。

もちろん、憲法改正手続に憲法改正国民投票はなかった。

それに対し、日本国憲法には憲法改正国民投票の規定があり、国民の承認によって憲法改正がされる。国民が承認しなければ、憲法改正はされない。

憲法改正の主人公が、大日本帝国憲法では天皇だったが、日本国憲法では国民になったのだ〔高見勝利『シリーズ憲法の論点⑤憲法の改正』（国立国会図書館調査及び立法考査局、２００５年）２頁参照〕。

大日本帝国憲法の下では天皇主権だったが、日本国憲法の下では国民主権になったということをふまえると、憲法改正の主人公がそのようにかわったのは、当然だといえる。

そして、憲法改正の主人公が国民ということをふまえると、「憲法・憲法改正は、国民みんなが考えるべきことだ」といいやすい。

(20) ２０１４年２月４日、第186回国会衆議院予算委員会で、安倍首相は次の答弁をした、「先ほども古屋大臣がお話をさせていただきましたように、この憲法、改正条項の九十六条なんですが、憲法の改正というのは一般の法律と違いまして、ここは誤解されている点なんですが、一般の法律については、衆参それぞれ二分の一の、過半数によって、賛成されれば成立をするわけでありまして、この国会で終結をするわけでございますが、憲法というのは、決めるのは国民なんですね。まさに国民の過半数が賛成して初めて憲法は改正できる、新しい憲法がつくられるわけであります。決めるのは国民、これが法律と決定的に違う点なんだろうと思います。しかし、その決める国民が実際に決められないではないか、たった三分の一の国会議員が反対すれば、それを議論する、国民投票で参加する機会を全く奪っているからこそ、九十六条を変えようということでございます。同時に、九十六条を改正するということについては、残念ながら、まだ世論調査等で十分な賛成を得ていない中において、いかに国民的な支持をこの九十六条においても得る努力を進めていくかということについて、私はさまざまな議論を呼びかけているわけでございまして、この必要性については今後とも私は訴えていきたい、こう思っている次第でございます」。

(21) 立憲デモクラシーの会『設立趣旨』は「万能の為政者を気取る安倍首相の最後の標的は、憲法の解体である。

安倍首相は、96条の改正手続きの緩和については、国民の強い反対を受けていったん引っ込めたが、9条を実質的に無意味化する集団的自衛権の是認に向けて、内閣による憲法解釈を変更しようとしている。政権の好き勝手を許せば、96条改正が再び提起され、憲法は政治を縛る規範ではなくなることもあり得る」とする。

(22) 自由民主党『日本国憲法改正草案（現行憲法対照）』（２０１２年）25頁。

(23) ２０１２年4月5日、第180回国会衆議院憲法審査会で、橘幸信衆議院法制局法制企画調整部長（当時）は次の答弁をした、「自民・公明両党案の国民投票法案に付された経費文書は八百五十億円でございました。民主党案の国民投票法案に付されました経費文書は八百五十二億円でございました。二億円の差は何かといいますと、民主党案におきましては当初から十八歳投票権でございましたので、この二歳分の投票事務費等として二億円をオンしたものでございます。ほとんどの八百五十億円につきましては中央選挙管理会などが使うわけですけれども、しかし、国民に対する周知広報は国会に設けられます国民投票広報協議会、つまり先生方が国会の事務局を使って全国民に全て周知広報するのだ、テレビでも新聞でもそうやって周知広報する、そのような費用として八百五十億円余が積算されたものと承知しております」。

(24) アメリカの憲法改正手続は、アメリカ合衆国憲法5条に規定されている。そして、修正の発議のためには、①連邦議会の両院の3分の2以上の賛成か、②3分の2以上の州議会の賛成、また、承認のためには、③4分の3以上の州議会の賛成か、④4分の3以上の州の憲法会議の賛成が必要だ（アメリカ合衆国憲法の改正は修正という）。つまり、アメリカの憲法改正手続には、発議のための方法として①②、また、承認のための方法として③④があり、4通り（2×2）の憲法改正手続がある。

ドイツの憲法改正手続は、ドイツ連邦共和国基本法79条に規定されている。そして、①連邦議会の3分の2以上の賛成と、②連邦参議院の3分の2以上の賛成で、憲法改正がされる〔自由民主党『日本国憲法改正草案Q&A増補版』（２０１３年）73頁〕。

以上のように、アメリカ・ドイツでは、憲法改正手続に国民投票はない。

(25) 野中俊彦ほか『憲法Ⅰ』（有斐閣、第5版、2012年）5～6頁。

2013年4月23日、第183回国会参議院予算委員会で、安倍晋三首相は次の答弁をした、「確かに、憲法というのは、言わば権力者の手を縛るという、為政者に対して制限を加えるという側面もあるわけでございますが、実際は、自由民主主義、基本的な人権が定着している今日、王制時代とは違うわけでありますから、一つの国の理想や形を示すものでもあるわけでございます」。

その答弁で、安倍首相は、憲法の2つの側面を示している。その2つの側面とは、①権力者の手を縛るという側面と、②国の理想や形を示すという側面だ。

(26) 2007年5月10日、第166回国会参議院日本国憲法に関する調査特別委員会で、五十嵐敬喜参考人は次の発言をした、「私としては、この発案権について、国民投票をせっかく作るわけですから、もっと十分な議論をなさっていただいて、いろんな方がいろんな形で発案できるということの方がより開かれた二十一世紀的な憲法改正プロセスではないかというふうに考えますので、できれば内閣からの発案ということ、本当にできないかどうか、あるいは国民からの発案ということ、本当にできないかどうかを考えていただければ有り難いというのが一つです。その実質的な根拠を申し上げますと、今の言っていることは、単に国民が立法権を持っているという直接的な理論的な帰結でありませんで、一番の厄介な点は、議会しか発案権がないとすると議会改革は一体だれがやるのかということであります。つまり、二院制を含めまして、憲法上、議会に関しても様々な論点、大きく言えば議院内閣制も議会の構造とはっきりかかわる問題でありますし、その他の議会の権限についてもいろんな憲法上の論点あるんですけれども、仮に議会がそういう既存の制度について非常に保守的な態度になりますと、どんなに問題があっても議会が変わらない限り議会の改革はできないという構造になりまして、これ非常に不都合なことではないかと。議論は少なくとも、最終的に発議するかどうかは議会で決めてよろしいわけですけれども、いろんな議論をするとき、正式な憲法改正案として、例えば二院制を一院制にするというようなこともあり得ていいわけですから、そういうこと自体はいろんな形で国民あるいは内閣からも提案されてもいいだろうというのが一つであります。それから二番目、もっとこれ原理的な問題でありますけれども、果たして議会がオールマイティーの、憲法改正という最も重要なものについてオールマイティーの権限を持っているかどうかと。逆に言いますと、議会も憲法上の一機関でありまして、憲法があって初めて設置が認められる構造というかシステムです。その議会が構造そのものを否定するような議決をしていいかどうかということに関しては非常に論理矛盾があるということでありまして、一七八〇年に今のアメリカの憲法ができる前にマサチューセッツ憲法がありまして、ここでは、議会は少なくとも憲法に関しては、つまり自らの根拠法に関してはオールマイティーではないということを議論いたしまして、それ以来、議会以外にも発案権を認めるということが全世界的に広がっておりまして、このある種のジレンマですね、論理的ジレンマについてやっぱりもう少し深く議論をしていただければよろしかったと思いますし、これからも議論すべきではないかと私は思っております」。

(27) 例えば、2013年3月12日、第183回国会衆議院予算委員会で、安倍首相は「その中において、九十六条を変えていく。これはいわば、憲法に対して国民の皆さんが自分の意思表示をする機会を、事実上ずっと奪われていたんですね。たった三分の一をちょっと超える国会議員がそんなものは変えられないよと言えば、国民は自分の意思を、賛成にしろ反対にしろ、意思表明をしようと思っても、その手段すら行使できなかった。しかし、それを変えていこうという皆さんの意思に対して、多くの国民の皆さんは拍手を送ったんだろうと思います。そして、道州制について言えば、これは、国と地方のあり方を抜本的に変えていくことになりますし、権限を移譲していく上においても大変大きな受け皿ができます。州や道という大きな一つの地域の集合体ができることによって、その地域には新しい集合体を中心とするインフラが生まれるわけでありますし、そして、そこは、国を経由せずに、海外とも直接いろいろな、さまざまな交流や経済活動が展開されるというダイナミックな大きな変化にもつながっていく。これはぜひやってもらいたいという思いが、それまで一票もとっていなかった、政党がなかった政党、皆さんに託した思いなんだろうと思いますし、その点においては我が党も同じであります。既成政党ではありますが、我々はそうしたものをもう一度見直しをしていこうという勇気を持つ政党であります。だからこそ、御党と同じように、我が党には第一党という地位を与えていただいたんだろうな、こんなように考えております」と答弁した。

また、2013年5月14日、第183回国会参議院予算委員会で、安倍首相は「国民投票になればこれは必ず成立するとは限らないわけでございまして、事実、九十六条についても反対の方の意見の方が今多いのも事実であります。たとえ今三分の二でこれを国民投票に付したところでこれは否決されるわけでありまして、これこそまさに私は民主主義なんだろうと思うわけでありますし、つまりその中において私たちも国民の意思を尊重するべきだろうと。国民が自分の意思表示をしたいという気持ちも尊重するべきだろうし、国民の意思を私たちはある意味信頼するのも当然私たちのよって立つべき立場ではないかと、こう思うわけでございます」と答弁した。

(28) 2000年3月23日、第147回国会衆議院憲法調査会で、高橋正俊参考人は次の発言をした、「八月革命説というのは、限界論に基づきまして、かつ日本国憲法を新憲法として基礎づける、こういうふうな考え方でございまして、今も多数説という形で生きております。恐らく学者の中ではかなり多くの人がこれをとっているのではないかというふうに考えられます」。

憲法改正の限界に関しては、長谷部恭男『憲法』(新世社、第3版、2004年)38~42頁、伊藤正己『憲法』(弘文堂、第3版、1995年)656~658頁参照。

(29) ある地域の有権者が集まる有権者議会としては、スイスのグラールス州とアッペンツェルイインナーローデン州のランツゲマインデが有名だ。ランツゲマインデでは、全ての有権者が広場に集まり、議題に関して、挙手によって票決をとる。わかりやすくいうと、青空議会だ。

(30) 野中ほか・前掲注(10)9～10頁。

2013年6月13日、第183回国会衆議院憲法審査会で、橘幸信衆議院法制局法制企画調整部長(当時)は次の答弁をした、「代表的な憲法の教科書の一つであります清宮四郎先生の教科書によりますと、次のように述べられております。直接民主制は、国民による統治の原則が最も高度に実現されるものであるが、しかし、団体が小さく、社会条件が単純な国家の場合は比較的実行しやすいが、団体が大きく、社会的分業が進化している近時の国家では実際にこれを行うことは難しいとした上で、さらに、そもそも、全ての国民がさまざまな国政問題を判断し、処理するだけの政治的素養と時間的余裕を持つわけではないから、直接民主制を高度に実現することは妥当でもないとして、結局、国民は、国政をみずから決することはできなくても、国政を担当するに適した人を選出することはできると述べられているわけであります。これが、恐らく最も標準的な現代国家における直接民主制の批判であるかと存じます」。

(31) 憲法改正・集団的自衛権行使容認に関する安倍首相・安倍政権の活動から、本文で述べたような疑念が生じる。

まず、安倍政権は、憲法96条改正論に基づく憲法改正を目指している。その憲法改正をすると、国会発議要件が緩和されるので、憲法改正をしやすくなる。つまり、安倍政権は、その憲法改正によって、憲法改正をするための難易度を下げようとしている。

次に、従来の政府が、集団的自衛権行使容認をするなら憲法改正によってしなければならないとしてきたにもかかわらず、安倍政権は、政府の憲法解釈変更による集団的自衛権行使容認を選択した。政府の憲法解釈変更による集団的自衛権行使容認をする場合は、憲法改正手続を経ない、つまり、国会発議要件・国民投票承認要件をクリアする必要がない。安倍政権は、集団的自衛権行使容認の方法として、憲法改正より難易度が低い政府の憲法解釈変更を選択したということだ。

また、安倍政権は、政府の憲法解釈変更によって集団的自衛権行使を容認するため、集団的自衛権に関する政府の憲法解釈を堅持する立場の山本庸幸氏を内閣法制局長官から退任させ、それの見直しに前向きな小松一郎氏を内閣法制局長官に起用した。そして、従来、内閣法制局長官には、❶経済産業省・財務省・総務省・法務省の出身者が就き、しかも、❷内閣法制次長を昇格させるのが慣例だった。それに対し、安倍政権が内閣法制局長官に起用した小松一郎氏は、①外務省出身で、②内閣法制次長ではなかった、それどころか、内閣法制局での勤務経験がなかった。そのため、その人事は、異例の人事といえる。つまり、安倍政権は、内閣法制局の意見を変更させる難易度を下げるために、すなわち、政府の憲法解釈変更による集団的自衛権行使容認の難易度を下げるために、異例の人事を行ったということだ。

以上のことをふまえると、安倍首相・安倍政権が憲法改正の難易度を上げることに同意するとは考えにくい。

(32) 辻村みよ子『憲法』(日本評論社、第4版、2012年) 523頁。

(33) 辻村・前掲注(32) 523頁。

もちろん、国民投票の結果が、政府が望むとおりになっているということではない。例えば、そのことに関して、2013年6月13日、第183回国会衆議院憲法審査会で、橘幸信衆議院法制局法制企画調整部長(当時)は次の答弁をした、「実際にも、先ほど来先生方からも言及があるフランスやオランダでは、議会において圧倒的多数で可決されたあのEU憲法条約草案が、国民投票においては逆に多数で否決される、そのような結果を招いたことは、この国民投票制度の持つ効果に対して賛否両論からいろいろな評価があり得るのだと思います」。

(34) 山岡規雄『シリーズ憲法の論点②直接民主制の論点』(国立国会図書館調査及び立法考査局、2004年) 1頁、7頁。

具体的にいうと、「ワシントンのイニシアティブ・レファレンダム研究所の研究員であるQvortrupの紹介している事例によると、1977年から1980年の間に実施されたスイスの国民投票について、有権者に対して何が争点であったかという質問をしたところ、争点について、かなりの知識を有していた有権者が24.1％、ある程度の知識を有していた有権者が56.5％、あまり知識を有していない有権者が19.4％であったという」「世論調査機関ユーロバロメーターによる1993年のデンマークの国民投票に関する調査によると、争点について、かなりの知識を有していた有権者が39.7％、ある程度の知識を有していた有権者が51.1％、あまり知識を有していない有権者が9.2％であったという」「エセックス大学のBudge教授は、各種の実証研究を総括し、国民の判断がもたらした結果を肯定的に評価している研究の方が多いと述べている」〔山岡・同注（34）7頁〕。

（35）　1974年5月15日、第72回国会衆議院商工委員会で、中曽根康弘通商産業大臣（当時）は次の答弁をした、「電源開発を促進して国民の要求する電力の需要に合うように供給体系をつくっておくということは通産省の責任でございますが、『いまの情勢を見ますと、電源をつくるという場合に、ダムをつくるとか、あるいは原子力発電所をつくるとか、そういうところの住民の皆さんは、かなりの迷惑を実は受けておるところでございます。家を移転させるとか、あるいは公害の危険性が出てくるとか、そういうようないろいろな非難がございます』。しかし、それで迷惑を受けて発電所がつくられても、電気代が別に安いというわけではない。そういうような面から住民の皆さんに非常に迷惑もかけておるところであるので、そこで住民の皆さま方にある程度福祉を還元しなければバランスがとれない。また電源の開発も促進されない。そういうバランスの意味もありまして、今度の周辺整備法の上程にもなってきているわけでございます。したがいまして、これは周辺以外の一般の土地と違う事情がございますので、そういうデメリットに対してバランスを維持しようという考えに基づいて行なわれているものであり、かつまた積極的に協力してもらうという要望も込めてできておるものであります。なお、既設の発電所所在の市町村については、今回、地方税法の改正を行ないまして、発電所にかかる固定資産税の課税標準の特例措置、つまり軽減措置の廃止または縮小を行なうとともに、大規模償却資産にかかる課税限度額の引き上げを行なうことにより発電所所在市町村の固定資産税収入の増加をはかる等の措置を講ずることといたしております」（『』は筆者が付けた）。

（36）ＲＥＵＴＥＲＳは次の報道をした、「再稼働の筆頭候補にあがる、鹿児島県の九州電力川内原子力発電所。約3年前の稼働停止で打撃を受けた地元経済にとって、再稼働の実現は『明日の暮らし』を取り戻す保証ともなる。しかし、原発稼働による『将来の不安』を地元住民が払しょくしたとは言い難い。『放射能があっても、絶対にここを離れたくない』――再稼働を待つ人々からは、原発とともに生きようという複雑な胸中も伝わってくる」「地元で支持を集めるのは原発推進派の岩切秀雄市長だ。岩切氏は、川内原発の早期再開を訴えて２０１２年に再選。凍結中の3号機増設計画も『白紙』とは認識していないという」［ＲＥＵＴＥＲＳ ＨＰ「〔焦点〕川内原発、再稼働待つ地元住民　暮らし再建へ不安と共存」］。

（37）宮下茂「一般的国民投票及び予備的国民投票～検討するに当たっての視点～」立法と調査320号（２０１１年）141頁、飯田泰士『改憲論議の矛盾――憲法96条改正論と集団的自衛権行使容認』（花伝社、２０１４年）63～71頁。

２００７年3月29日、第166回国会衆議院日本国憲法に関する調査特別委員会で、保岡興治衆議院議員は次の発言をした、「現行憲法は国会を国の唯一の立法機関であると規定して、基本的に議会制民主主義を採用しており、これらを補完するものとしての直接民主主義の制度は、わずかに最高裁判所の裁判官の国民審査、地方自治特別法における住民投票、そして憲法改正国民投票の場合に限定されています。一般的国民投票制度は、民主党御提案のようにその効果が諮問的なものであるとしましても、事実上の拘束力があり得ることは否定できない。この憲法の定める議会制民主主義の根幹にかかわる重大な問題でありまして、むしろ憲法改正事項そのものではないかとの懸念も払拭できないものでございます。また、そもそも国民投票が必要的な要件とされておって、かつ、その結果に法的拘束力がある憲法改正国民投票と、任意で諮問的な効果が想定される一般的な国民投票とでは、その本質を全く異にするものであることなどにもかんがみますと、今回は憲法改正国民投票法制に限定して制度設計するのが適当であると考えております」。

(38) 首相官邸HP「平成26年11月18日安倍内閣総理大臣記者会見」。

(39) 山岡・前掲注(34)2頁。

2004年3月4日、第159回国会衆議院憲法調査会最高法規としての憲法のあり方に関する調査小委員会で、井口秀作参考人は次の発言をした、「国民投票制の現況というふうに書いておきましたが、最近頻繁に行われている、ある人の表現を使えば、レフェレンダム旋風であるということが言われます。確かに、時代区分として、第二次世界大戦後あるいは一九九〇年代以降、国民投票の実施された数が増大している。これは、いろいろな人の統計を見てもはっきりしている事柄だというふうに思います。量的には拡大をしている、これは間違いないというふうに思います」。

なお、本文では、オーストリア・スウェーデン・イタリア・リトアニア原発国民投票を取り上げたが、2013年には、ブルガリア原発国民投票が実施されている。そして、国民投票を受けた国民議会における審議で、ベレネ原発の建設中止が決定された[在ブルガリア大使館『ブルガリア概要』(2014年)13頁]。

また、スイスでは、国民投票によって、原子力政策が大きく転換してきた[河北新報HP「世論の動向、政策を左右/(3)国民投票/脱原発への道 ドイツ・スイスは今」]。

〈参考資料〉

●書籍・論文

・芦部信喜『憲法』（岩波書店、新版補訂版、1999年）
・阿部泰隆＝淡路剛久『環境法』（有斐閣、第4版、2011年）
・淡路剛久＝岩渕勲『企業のための環境法』（有斐閣、2002年）
・淡路剛久ほか『環境法辞典』（有斐閣、2002年）
・飯田泰士『改憲論議の矛盾――憲法96条改正論と集団的自衛権行使容認』（花伝社、2014年）
・飯田泰士『憲法96条改正を考える』（弁護士会館ブックセンター出版部ＬＡＢＯ、2013年）
・飯田泰士『集団的自衛権――2014年5月15日「安保法制懇報告書」／「政府の基本的方向性」対応』（彩流社、2014年）
・飯田泰士『新法対応！ネット選挙のすべて――仕組みから活用法まで』（明石書店、2013年）
・飯田泰士『成年被後見人の選挙権・被選挙権の制限と権利擁護――精神・知的障害者、認知症の人の政治参加の機会を取り戻すために』（明石書店、2012年）
・石破茂『日本を、取り戻す。憲法を、取り戻す。』（ＰＨＰ研究所、2013年）
・伊藤正己『憲法』（弘文堂、第3版、1995年）
・伊藤光利『ポリティカル・サイエンス事始め』（有斐閣、第3版、2009年）
・伊藤光利ほか『政治過程論』（有斐閣、2000年）
・岩井奉信「政治とカネをめぐる課題」21世紀政策研究所『政権交代時代の政府と政党のガバナンス―短命政権と決められない政治を打破するために』（2012年）
・岩崎美紀子『比較政治学』（岩波書店、2005年）

・ＮＨＫ放送文化研究所『原発とエネルギーに関する意識調査（２０１３年3月）単純集計表』（２０１３年）
・ＮＨＫ放送文化研究所『「憲法に関する意識調査」単純集計表』（２０１３年）
・大塚直『環境法』（有斐閣、第3版、２０１０年）
・大塚直『環境法Ｂａｓｉｃ』（有斐閣、２０１３年）
・岡沢憲芙『政治学』（法学書院、第4版、２００７年）
・岡田浩＝松田憲忠『現代日本の政治――政治過程の理論と実際――』（ミネルヴァ書房、２００９年）
・奥平康弘ほか『改憲の何が問題か』（岩波書店、２０１３年）
・オフェル・フェルドマン『政治心理学』（ミネルヴァ書房、２００６年）
・外務省ＨＰ『軍縮・不拡散 我が国政府が非核三原則に関する表明を行った例』<http://www.mofa.go.jp/mofaj/gaiko/kaku/gensoku/hyoumei.html>
・片木淳「住民自治と地方議会――直接民主主義と議会基本条例」月刊自治フォーラム601号（２００９年）
・蒲島郁夫ほか『メディアと政治』（有斐閣、２００７年）
・加茂利男ほか『現代政治学』（有斐閣、第3版、２００７年）
・川崎修＝杉田敦『現代政治理論』（有斐閣、２００６年）
・川人貞史『選挙制度と政党システム』（木鐸社、２００４年）
・川人貞史ほか『現代の政党と選挙』（有斐閣、２００１年）
・環境法政策学会『環境基本法制定20周年――環境法の過去・現在・未来』（商事法務、２０１４年）
・環境法政策学会『原発事故の環境法への影響』（商事法務、２０１３年）
・環境法政策学会『公害・環境紛争処理の変容』（商事法務、２０１２年）
・北村喜宣『自治体環境行政法』（第一法規、第6版、２０１２年）
・北村喜宣『プレップ環境法』（弘文堂、第2版、２０１１年）

・君塚正臣『比較憲法』（ミネルヴァ書房、2012年）
・久米郁男ほか『政治学 Political Science: Scope and Theory』（有斐閣、2003年）
・Greenpeace International HP「Fukushima：Don、t forget」<http://www.greenpeace.org/international/en/campaigns/nuclear/safety/accidents/Fukushima-nuclear-disaster/fukushima-dont-forget/>
・経済産業省『平成25年度エネルギーに関する年次報告（エネルギー白書2014）』（2014年）
・経済産業省ＨＰ『エネルギー基本計画』（2014年）
・現代人文社編集部『司法は原発とどう向きあうべきか――原発訴訟の最前線』（現代人文社、2012年）
・原爆症認定訴訟熊本弁護団『水俣の教訓を福島へ――水俣病と原爆症の経験をふまえて』（花伝社、2011年）
・原爆症認定訴訟熊本弁護団『水俣の教訓を福島へｐａｒｔ2すべての原発被害の全面賠償を』（花伝社、2011年）
・小池拓自「原子力発電所の地震リスク――耐震設計基準と活断層評価を中心として――」レファレンス2013年11月号（2013年）
・交告尚史ほか『環境法入門』（有斐閣、第2版、2012年）
・公正取引委員会『知ってなっとく独占禁止法』（2013年）
・国際環境ＮＧＯグリーンピースＨＰ「自然エネルギーを増やす」<http://www.greenpeace.org/japan/ja/campaign/energy/>
・最高法規としての憲法のあり方に関する調査小委員会『硬性憲法としての改正手続に関する基礎的資料』（2003年）
・最高法規としての憲法のあり方に関する調査小委員会『「直接民主制の諸制度」に関する基礎的資料』（2004年）
・在ブルガリア大使館『ブルガリア概要』（2014年）
・榊原秀訓「地方自治 巻町原発住民投票と住民参加」法学セミナー503号（1996年）
・佐々木毅『政治学講義』（東京大学出版会、1999年）
・佐藤泉ほか『実務環境法講義』（民事法研究会、2008年）
・佐藤令ほか『主要国の各種法定年齢――選挙権年齢・成人年齢引下げの経緯を中心に』（国立国会図書館調査及び立法考査局、2008年）

・参議院憲法調査会『日本国憲法に関する調査報告書』（２００５年）
・ジェラルド・カーティス（山岡清二＝大野一訳）『代議士の誕生』（日経ＢＰ社、２００９年）
・繁田泰宏『フクシマとチェルノブイリにおける国家責任――原発事故の国際法的分析』（東信堂、２０１３年）
・資源エネルギー庁『新しいエネルギー基本計画が閣議決定されました』（２０１４年）
・週刊通販生活ＨＰ「今週の原発 レーナ・リンダルさんインタビュー」<http://www.cataloghouse.co.jp/yomimono/genpatsu/lena/>
・衆議院欧州各国国民投票制度調査議員団『報告書』（２００６年）
・衆議院憲法審査会事務局『日本国憲法の改正手続に関する法律（憲法改正問題についての国民投票制度に関する検討条項）に関する参考資料』（２０１２年）
・衆議院憲法調査会事務局「『国民投票制度』に関する基礎的資料」（２００４年）
・衆議院憲法調査会『衆議院憲法調査会報告書』（２００５年）
・自由民主党『参議院選挙公約２０１３』（２０１３年）
・自由民主党『J-ファイル２０１３ 総合政策集』（２０１３年）
・自由民主党『政権公約２０１４』（２０１４年）
・自由民主党『党の使命』（１９５５年）
・自由民主党『日本国憲法改正草案（現行憲法対照）』（２０１２年）
・自由民主党『日本国憲法改正草案Ｑ＆Ａ』（２０１２年）
・自由民主党『日本国憲法改正草案Ｑ＆Ａ増補版』（２０１３年）
・自由民主党ＨＰ「公約関連」<https://www.jimin.jp/policy/manifest/>
・自由民主党ＨＰ「政策パンフレット」<https://www.jimin.jp/policy/pamphlet/>
・首相官邸ＨＰ「安全保障の法的基盤の再構築に関する懇談会」
・首相官邸ＨＰ「平成25年12月9日安倍内閣総理大臣記者会見」

・首相官邸ＨＰ「平成26年11月18日安倍内閣総理大臣記者会見」
・末井誠史「住民投票の法制化」レファレンス２０１０年10月号（２０１０年）
・政治議会課憲法室「諸外国における国民投票制度の概要」調査と情報584号（２００７年）
・総務省『平成24年分政党交付金使途等報告の概要』（２０１３年）
・総務省『平成25年分政党交付金使途等報告書の要旨の公表に伴う説明資料』（２０１４年）
・高橋和之『シリーズ憲法の論点⑧人権総論の争点』（国立国会図書館調査及び立法考査局、２００５年）
・高橋滋＝大塚直『震災・原発事故と環境法』（民事法研究会、２０１３年）
・高橋信隆ほか『環境法講義』（信山社、２０１２年）
・高見勝利『シリーズ憲法の論点⑤憲法の改正』（国立国会図書館調査及び立法考査局、２００５年）
・高見勝利「硬性憲法と憲法改正の本質」レファレンス２００５年３月号（２００５年）
・高山丈二「我が国の原子力発電の現状と課題」レファレンス２００９年12月号（２００９年）
・武内和彦＝渡辺綱男『日本の自然環境政策―自然共生社会をつくる』（東京大学出版会、２０１４年）
・建林正彦ほか『比較政治制度論』（有斐閣、２００８年）
・辻村みよ子『憲法』（日本評論社、第４版、２０１２年）
・辻村みよ子『市民主権の可能性――21世紀の憲法・デモクラシー・ジェンダー――』（有信堂、２００２年）
・富井利安『レクチャー環境法』（法律文化社、第２版、２０１０年）
・永野秀雄＝岡松暁子『環境と法――国際法と諸外国法制の論点』（三和書籍、２０１０年）
・那須俊貴『シリーズ憲法の論点⑭環境権の論点』（国立国会図書館調査及び立法考査局、２００７年）
・西井正弘＝臼杵知史『テキスト国際環境法』（有信堂高文社、２０１１年）
・日本火山学会原子力問題対応委員会『巨大噴火の予測と監視に関する提言』（２０１４年）
・日本弁護士連合会『憲法改正手続法の見直しを求める意見書』（２００９年）

・日本弁護士連合会『福井地裁大飯原発３、４号機差止訴訟判決に関する会長声明』（２０１４年）
・日本弁護士連合会編『ケースメソッド環境法』（日本評論社、２０１１年）
・根津進司『フクシマ・ゴーストタウン――全町・全村避難で誰もいなくなった放射能汚染地帯』（社会批評社、２０１１年）
・野中俊彦ほか『憲法Ⅰ』（有斐閣、第5版、２０１２年）
・野中俊彦ほか『憲法Ⅱ』（有斐閣、第5版、２０１２年）
・函館市『函館市大間原発訴訟 訴状の概要』（２０１４年）
・長谷部恭男『憲法』（新世社、第3版、２００４年）
・長谷部恭男＝杉田敦『これが憲法だ！』（朝日新聞社、２００６年）
・フジテレビＨＰ『第23回ＦＮＳドキュメンタリー大賞ノミネート作品「揺れる原発海峡～27万都市 函館の反乱～」（制作：北海道文化放送）』<http://www.fujitv.co.jp/b_ＨＰ/fnsaward/23th/14-243.html>
・北海道文化放送制作『揺れる原発海峡～27万都市 函館の反乱～』（２０１４年）
・間柴泰治「憲法改正国民投票法案の主な論点――国民投票運動に対する公的助成制度――」調査と情報578号（２００７年）
・丸山敬一『政治学原論』（有信堂、１９９３年）
・宮下茂「一般的国民投票及び予備的国民投票～検討するに当たっての視点～」立法と調査320号（２０１１年）
・宮下茂「憲法改正国民投票における最低投票率～検討するに当たっての視点～」立法と調査322号（２０１１年）
・宮下茂「リスボン条約批准のための憲法改正国民投票～アイルランドにおける２００８年の否決～」立法と調査289号（２００９年）
・三輪和宏＝山岡規雄『諸外国の国民投票法制及び実施例』調査と情報650号（２００９年）
・みんなで決めよう「原発」国民投票ＨＰ「活動履歴」<http://kokumintohyo.com/activity_history>
・みんなで決めよう「原発」国民投票ＨＰ「全国の活動」<http://kokumintohyo.com/local>
・薬師寺聖一「諮問的国民投票制度と民主政」立法と調査257号（２００６年）
・山岡規雄「【イタリア】原発の是非を問う国民投票」外国の立法２０１１年7月（２０１１年）

・山岡規雄「カリフォルニア州における直接民主制」レファレンス2009年12月号（2009年）
・山岡規雄「諸外国の国民投票法制及び実施例【第2版】」調査と情報796号（2013年）
・山岡規雄『シリーズ憲法の論点②直接民主制の論点』（国立国会図書館調査及び立法考査局、2004年）
・山岡規雄「スウェーデンの国民投票制度」外国の立法2004年2月号（2004年）
・山岡規雄＝北村貴「諸外国における戦後の憲法改正【第3版】」調査と情報687号（2010年）
・吉村良一ほか『環境法入門』（法律文化社、第4版、2013年）
・立憲デモクラシーの会『設立趣旨』（2014年）

●国会答弁等（答弁等の内容は、国立国会図書館「国会会議録検索システム」を用いて、各国会会議録から引用した）

・1973年9月13日、第71回国会参議院内閣委員会、山中貞則防衛庁長官（当時）答弁
・1974年5月15日、第72回国会衆議院商工委員会、中曽根康弘通商産業大臣（当時）答弁
・1978年2月3日、第84回国会衆議院予算委員会、福田赳夫首相（当時）答弁
・1978年2月3日、第84回国会衆議院予算委員会、真田秀夫内閣法制局長官（当時）答弁
・2000年3月23日、第147回衆議院憲法調査会、高橋正俊参考人発言
・2001年6月6日、第151回国会衆議院政治倫理の確立及び公職選挙法改正に関する特別委員会、遠藤和良総務副大臣（当時）答弁
・2002年6月6日、第154回国会衆議院憲法調査会国際社会における日本のあり方に関する調査小委員会、高村正彦衆議院議員発言
・2004年3月4日、第159回国会衆議院憲法調査会最高法規としての憲法のあり方に関する調査小委員会、井口秀作参考人発言
・2006年9月29日、第165回国会衆議院本会議、安倍晋三首相（当時）答弁

・２００７年５月10日、第166回国会参議院日本国憲法に関する調査特別委員会、五十嵐敬喜参考人発言
・２０１１年９月29日、第178回国会参議院予算委員会、枝野幸男経済産業大臣（当時）答弁
・２０１１年10月27日、第179回国会参議院経済産業委員会、枝野幸男経済産業大臣（当時）答弁
・２０１２年４月５日、第180回国会衆議院憲法審査会、橘幸信衆議院法制局法制企画調整部長（当時）答弁
・２０１２年７月18日、第180回国会参議院社会保障と税の一体改革に関する特別委員会、櫻井充参議院議員発言
・２０１２年７月18日、第180回国会参議院社会保障と税の一体改革に関する特別委員会、野田佳彦首相（当時）答弁
・２０１３年１月30日、第183回国会衆議院本会議、安倍晋三首相答弁
・２０１３年３月５日、第183回国会参議院本会議、安倍晋三首相答弁
・２０１３年３月11日、第183回国会衆議院予算委員会、安倍晋三首相答弁
・２０１３年３月12日、第183回国会衆議院予算委員会、安倍晋三首相答弁
・２０１３年４月23日、第183回国会参議院予算委員会、安倍晋三首相答弁
・２０１３年５月14日、第183回国会参議院予算委員会、安倍晋三首相答弁
・２０１３年６月13日、第183回国会衆議院憲法審査会、橘幸信衆議院法制局法制企画調整部長（当時）答弁
・２０１３年10月22日、第185回国会衆議院予算委員会、安倍晋三首相答弁
・２０１４年２月３日、第186回国会衆議院予算委員会、阪口直人衆議院議員発言
・２０１４年２月３日、第186回国会衆議院予算委員会、安倍晋三首相答弁
・２０１４年２月４日、第186回国会衆議院予算委員会、安倍晋三首相答弁
・２０１４年２月12日、第186回国会衆議院予算委員会、大串博志衆議院議員発言
・２０１４年２月12日、第186回国会衆議院予算委員会、横畠裕介内閣法制次長・内閣法制局長官事務代理（当時）答弁
・２０１４年２月13日、第186回国会衆議院予算委員会、安倍晋三首相答弁
・２０１４年４月24日、第186回国会衆議院憲法審査会、橘幸信衆議院法制次長答弁

・2014年10月22日、第187回国会参議院憲法審査会、松田公太参議院議員発言

●答弁書

・2012年3月27日、岡田克也国務大臣（首相臨時代理）「衆議院議員秋葉賢也君提出自主的避難者の現況把握に関する質問に対する答弁書」
・2013年8月13日、安倍晋三首相「参議院議員山本太郎君提出柏崎刈羽原発再稼働問題に関する質問に対する答弁書」
・2013年10月25日、安倍晋三首相「参議院議員江口克彦君提出東京電力株式会社福島第一原子力発電所の汚染水問題に対する政府の取組に関する質問に対する答弁書」
・2013年10月25日、安倍晋三首相「衆議院議員鈴木貴子君提出福島第一原発における汚染水問題に関する質問に対する答弁書」
・2013年12月10日、安倍晋三首相「参議院議員山本太郎君提出放射線被ばく環境下における居住に関する質問に対する答弁書」
・2013年12月17日、安倍晋三首相「参議院議員牧山ひろえ君提出福島原発事故収束に関する政府の基本認識に関する質問に対する答弁書」

●判例

・福井地判平成26年5月21日

●報道

・朝日新聞HP「石原環境相『最後は金目でしょ』中間貯蔵施設巡り発言」
・朝日新聞HP「イタリア、原発再開を凍結へ 国民投票が成立」

・朝日新聞HP「（茨城）那珂市が住民投票条例制定へ 原発再稼働など備え」
・朝日新聞HP「御嶽山噴火『予知は困難だった』気象庁、前兆つかめず」
・朝日新聞HP「関電、歴代首相7人に年2千万円献金 元副社長が証言」
・朝日新聞HP「（寄稿 憲法はいま）96条改正という『革命』憲法学者・石川健治」
・朝日新聞HP「（公約を問う）4：外交・安全保障『中・韓』『沖縄』乏しい打開策」
・朝日新聞HP「全国の原発について」
・朝日新聞HP「脱原発の声9割超 パブコメ、基本計画に生かされず」
・朝日新聞HP「東電、10議員を『厚遇』パーティー券を多額購入」
・朝日新聞HP「内閣支持率49％、閣僚辞任後に微増 朝日新聞世論調査」
・朝日新聞HP「函館市、大間原発建設差し止め提訴 自治体、初の原告」
・朝日新聞HP「秘密保護法案、賛成25％反対50％ 朝日新聞世論調査」
・NHK HP「WEB特集 川内原発再稼働に鹿児島県が同意」
・NHK HP「NHKスペシャル2014年3月8日 避難者13万人の選択～福島 原発事故から3年～」
・NHK HP「時論公論『欧州加速する脱原発』」
・河北新報HP「世論の動向、政策を左右／（3）国民投票／脱原発への道 ドイツ・スイスは今」
・The Wall Street Journal HP「野田首相『大きな音だね』＝官邸周辺の反原発デモに」
・産経新聞HP「安倍首相、憲法改正『何としてもやり遂げる』」
・産経新聞HP「安倍首相、原発国民投票に否定的『議員の責任放棄の危険性』」
・産経新聞HP「【安倍首相・憲法インタビュー】一問一答」
・産経新聞HP「閣議決定後ろ倒し容認も〝デッドライン〟は9月 集団的自衛権」
・産経新聞HP「特定秘密保護法修正・廃止を82％ 内閣支持10ポイント急落、共同通信世論調査」

・産経新聞HP「内閣支持47％に下落 集団的自衛権反対54％ 82％が『検討不十分』 共同通信世論調査」
・産経新聞HP「7党が国民投票法改正案を衆院に提出 今後は改憲論議が焦点」
・産経新聞HP「『わわわれの予知レベルはそんなもの』『近づくな……でいいのか』 予知連会長が難しさ語る」
・時事通信HP「憲法改正は『歴史的使命』＝安倍首相、地元会合で表明」
・中日新聞HP「民主候補が原発推進協定 中電労組と東海の18人」
・TBS HP「自民・岸田派幹部が会合 集団的自衛権で慎重論続出」
・テレビ朝日HP「『原発を再稼働する』 安倍総理がロンドンで講演」
・テレビ朝日HP「報道ステーション2014年3月11日 特集詳細 わが子が甲状腺がんに……原発事故との関係は パート1」
・テレビ朝日HP「報道ステーション2014年3月11日 特集詳細 わが子が甲状腺がんに……原発事故との関係は パート2」
・テレビ朝日HP「宮沢大臣が川内原発視察 再稼働の必要性改めて強調」
・東京新聞HP「川内再稼働食い止めろ『経済より命が大事』」
・西日本新聞HP「川内原発 再稼働前に議論を尽くせ」
・日本経済新聞HP「『決められない政治』の源」
・日本経済新聞HP「集団的自衛権『反対』50％、『賛成』34％ 本社世論調査 内閣不支持率は36％」
・日本経済新聞HP「政策課題に厳しい目 消費増税『賛成』23％に低下 原発再稼働『進めるべき』29％」
・日本経済新聞HP「日立の原発計画、反対が優勢 リトアニア国民投票」
・日本経済新聞HP「噴火対策、原発も見直しを 火山学会が提言」
・福島民報HP「県内自殺者年々増加 原発事故関連死 昨年23人、前年比10人増」
・福島民報HP「【『最後は金目』発言】 これが国の本音か」
・北海道新聞HP「避難の福島県民、家族分散49％ 県調査、世帯7割に心身不調者」
・毎日新聞HP「最高裁長官：集団的自衛権『国民的な議論に』」

・毎日新聞HP「消滅可能性：原発誘致した17自治体12が人口維持困難」
・読売新聞HP「石原大臣『金目』発言を撤回…辞任する考え否定」
・読売新聞HP「御嶽山噴火 見せつけられた予知の難しさ」
・読売新聞HP「憲法記念日談話、改正は8党一致・中身には違い」
・読売新聞HP「集団的自衛権、事例は理解・総論慎重……読売調査」
・読売新聞HP「内閣支持率、上昇51％（8月1～3日調査）」
・REUTERS HP「〔焦点〕川内原発、再稼働待つ地元住民　暮らし再建へ不安と共存」
・REUTERS HP「焦点：川内原発審査で火山噴火リスク軽視の流れ、専門家から批判」

あとがき

原発関連の本のプランは、2013年夏から、頭の中にあった。

参院選の選挙特番出演時に、各政策課題に関するビッグデータを見たのがきっかけだ。

当時は、原発国民投票の本にするか、原発差止請求の本にするか、迷っていたわけだが、色々考えた結果、憲法改正とリンクさせた原発国民投票の本にした。

リンクさせて初めて浮かび上がる問題があるし、また、衆院選後、安倍政権が原発再稼働・憲法改正に向けて本格的に動き出したので、このテーマにしてよかったな、と思っている。

さて、本書の出版にあたっては、前著と同様、塚田敬幸氏にお世話になっている。

今後も、もちろん、多くの方々にご協力していただいたうえで、出版されることになる。

そのような多くのご協力に感謝しつつ、また、この本によってどのような方とつながることができるのかを楽しみにしつつ、本書を終わる。

〔著者紹介〕
飯田 泰士
（いいだ・たいし）

東京大学大学院法学政治学研究科修了。
東京大学大学院医学系研究科生命・医療倫理人材養成ユニット修了。
近時の研究分野は、憲法・選挙・医療に関する法制度。
著書
2014年
『集団的自衛権』（彩流社）
『改憲論議の矛盾』（花伝社）
2013年
『憲法96条改正を考える』（弁護士会館ブックセンター出版部LABO）
『ネット選挙のすべて』（明石書店）
2012年
『成年被後見人の選挙権・被選挙権の制限と権利擁護』（明石書店）

原発国民投票をしよう！
原発再稼働と憲法改正

2015年 2月5日 初版第1刷発行

■著者　飯田泰士
■発行者　塚田敬幸

■発行所　えにし書房株式会社
〒102-0073　東京都千代田区九段北 1-9-5-919
TEL 03-6261-4369　FAX 03-6261-4379
ウェブサイト　http://www.enishishobo.co.jp
E-mail　info@enishishobo.co.jp

■印刷／製本　壮光舎印刷株式会社
■装幀　又吉るみ子
■ DTP　板垣由佳

　ISBN978-4-908073-08-3 C0036

語り継ぐ戦争

中国・シベリア・南方・本土「東三河８人の証言」

広中一成 著／四六判並製／ 1,800 円＋税　　978-4-908073-01-4 C0021

かつての“軍都”豊橋を中心とした東三河地方の消えゆく「戦争体験の記憶」を記録する。戦後 70 年を目前に、気鋭の歴史学者が､豊橋市で風刺漫画家として活躍した野口志行氏（1920 年生まれ）他いまだ語られていない貴重な戦争体験を持つ市民８人にインタビューし、解説を加えた、次世代に継承したい記録。

朝鮮戦争

ポスタルメディアから読み解く現代コリア史の原点

内藤陽介 著／ A5 判並製／ 2,000 円＋税　　978-4-908073-02-1 C0022

「韓国／北朝鮮」の出発点を正しく知る！　ハングルに訳された韓国現代史の著作もある著者が、朝鮮戦争の勃発―休戦までの経緯をポスタルメディア（郵便資料）という独自の切り口から詳細に解説。退屈な通史より面白く、わかりやすい、朝鮮戦争の基本図書ともなりうる充実の内容。

破天荒坊主がゆく

ひぐち日誠 著／四六判並製／ 1,500 円＋税　　978-4-908073-03-8 C0095

煩悩あって当たり前、これが実践的破天荒説法だ！　釣り、ギャンブルほか様々な俗事にハマり、ケチケチ、くよくよし、我欲全開の著者は、じつは、世界三大荒行、死者も出る「日蓮宗百日結界大荒行」を完遂した山梨県身延山の高僧。破戒寸前破天荒坊主の笑いあり、涙あり、怖い話ありの痛快生き様丸ごと説法！

国鉄「東京機関区」に生きた

1965 ～ 1986

978-4-908073-04-5 C0065

滝口忠雄 写真・文／ B5 ヨコ判並製／ 2,700 円＋税

いまはなき国鉄「東京機関区」に生きた著者が、国鉄職員の“働く姿と闘う姿”と“電気機関車の姿”を活写した貴重な写真集。1965 年～ 86 年までの国鉄の姿は、戦後昭和史の第一次資料として後の世代にも伝えたい貴重な記録。戦後を支えた労働者たちの息遣いが伝わる１冊。